新手高明飼養

天竺鼠

The Guinea Pig

鈴木莉萌◎著

井川俊彥◎攝影

彭春美◎譯

漢欣文化事業有限公司
Han Shin Cultural Enterprise Co., Ltd.

性格溫和、容易和人親近，是天竺鼠的魅力之一。
和小朋友也能相親相愛地一起生活，這樣的好性情只有天竺鼠才有。

冠毛天竺鼠

阿比西尼亞天竺鼠

大大的眼睛加上胖嘟嘟、圓滾滾的身體，
讓人不由得想要和牠蹭蹭臉。就像布娃娃一樣可愛。

秘魯天竺鼠（緞毛）

泰迪天竺鼠

天竺鼠
The Guinea Pig

平日雖然是活潑調皮的天竺鼠，卻也有非常纖細的一面。
用體貼的心情和牠相處，就是和牠感情融洽的秘訣。

英國短毛天竺鼠

天竺鼠的叫聲近似於可愛的小鳥輕囀，非常療癒人心。
會以各式各樣的表現來傳達牠現在的心情。

德克賽爾天竺鼠

謝特蘭天竺鼠（幼鼠）

天竺鼠
The Guinea Pig

擁有大大的眼睛和耳朵的無毛天竺鼠，
幾乎沒有體毛的滑稽模樣是其魅力所在。

無毛天竺鼠

謝特蘭天竺鼠

CONTENTS 目次

CHAPTER 01

外觀和性格都非常可愛！
天竺鼠的魅力

天竺鼠身上充滿著和貓狗、倉鼠大相逕庭的獨特魅力。初次飼養天竺鼠的人，必定會為牠可愛的動作和叫聲而迷得神魂顛倒！請正確地飼養天竺鼠，經常和牠玩耍吧！這樣一來，你有多疼愛牠，天竺鼠就有多喜歡你這個飼主。

天竺鼠的最大魅力在於牠的溫和

• • •

雖然也有個體差異，不過和其他齧齒類比起來，大多數的天竺鼠似乎都是我行我素、性格穩重的類型。和飼主親近的天竺鼠，不但叫牠就會過來，也很喜歡被人懷抱和撫摸。一受到飼主撫摸，甚至還會愉快得出神，瞇著眼睛，像貓咪一樣從喉嚨發出聲音地滿心歡喜。

叫聲豐富多變，也可用來溝通

天竺鼠的叫聲就像小鳥的鳴囀聲般可愛。肚子餓的時候、想和飼主一起玩的時候、希望離開籠子到外面散步的時候等等，天竺鼠會依當時的心情發出各式各樣的聲音來傳達牠的心境。還有，天竺鼠的叫聲也各有特色，聽說有

的飼主僅憑一聲叫聲就能知道是哪一隻天竺鼠在叫，甚至還有某位大學教授說他聽得懂天竺鼠語。只要誠心的溝通，可能性就是無限大。

藉由肌膚接觸，也能和人成為好朋友

要培養和天竺鼠的情感，請從平日就愛惜地照顧牠吧！剛開始時可能會顯得膽怯，但是不久後，對於照顧自己的飼主，天竺鼠應該就會主動打開心扉，變得像家人或戀人般愛慕著飼主。要不要試著以讓大家都心生羨慕的親愛關係為目標呢？

表情和動作也很豐富

睡覺時的樣子、吃到美味食物時的表情、生氣時的動作、悲傷的時候、喜悅時的態度……等等。請一方面享受和天竺鼠的接觸，一方面仔細觀察牠們的動作和表情吧！如果能夠讀取天竺鼠的心情，共度的生活也將變得更有樂趣。

帶回家前請先想想看

● ● ●

關於飼養動物這件事

飼養天竺鼠，就是以飼主的身分，接收保管天竺鼠的整個生命。我們可以在寵物店裡自由挑選喜歡的天竺鼠，但是天竺鼠卻沒有辦法自行挑選理想的飼主。因此，必須要有成為天竺鼠的代理父母的自覺才行。

天竺鼠不會說話

天竺鼠的叫聲雖然感情豐富又富有變化，不過當牠身體不舒服或是感到難受、悲傷時，並無法用語言來告訴飼主。

飼養無法說話的動物，有時比養育人類的孩子還要困難，更需要人照顧。請站在天竺鼠的立場，經常考慮到牠們的心情吧！

理解天竺鼠的習性和生理構造

天竺鼠和人類一樣，天生抱有物種的本能和習性。所吃的食物、所需的東西和感覺舒適的點，都和人類完全不同。請掌握天竺鼠的本能和習性，充分了解牠吧！千萬不可採取強迫天竺鼠來配合人類的飼養方式，否則天竺鼠很快就會變得不幸，有時甚至成為生病或受傷、早死的原因。

對天竺鼠而言的幸福是什麼

一般認為天竺鼠是個性溫和、好脾氣的動物，事實上卻並非全然如此。其中也不乏會咬人的天竺鼠，這是因為天竺鼠也有各種不同的個性。此外，想要和天竺鼠快樂地生活，必須有空間寬敞的籠子，而且牠也會吃很多的顆粒飼料和新鮮蔬菜，所以食餌和副食費用、地板材等消耗品費用、醫療費等都會出乎意料地增加支出。不僅如此，想要和天竺鼠建立良好的關係，就算很忙，每天也必須抽出一定的時間和天竺鼠玩。請以天竺鼠的幸福為優先，各種情況都考慮一下吧！

挑選健康天竺鼠的
10個檢查要點

● ● ●

我們都希望和可愛的天竺鼠一直生活在一起。因此,最好還是迎進活潑又健康的天竺鼠。

● 四肢

前肢的腳趾各有4根,後肢各有3根。
請檢查趾頭是否有欠缺?
是否有疼痛的樣子?
或是有腫脹、拖著腳走路的情況?

● 顏面、頭部

是否有被嘔吐物或鼻水等弄髒?
是否有受傷?
有沒有腫脹或出疹子、瘡痂等?

● 肛門周邊

有沒有糞便凝固附著在上面?
有沒有因下痢而弄髒?

● 被毛

是否黏著了糞便或髒污?
是否有被毛部分光禿或脫落的情形?
全身是否都呈現健康的美麗光澤?

● **眼睛**

兩眼是否又大又晶亮？

是否因眼屎或髒污而張不開眼睛？

眼睛是否一直緊閉著？

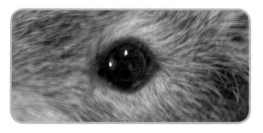

● **口腔**

上下牙齒是否長歪了？

有沒有部分缺損？

是否長得太長？

是否只用嘴巴呼吸？

● **鼻腔周邊**

鼻孔是否有被鼻水等弄髒？

鼻孔是否塞住了？

● **耳朵**

耳洞裡面是否髒污？

是否為通暢無阻、乾淨的狀態？

● **排泄物**

是否下痢？糞便、尿液的顏色正常嗎？（糞便顏色從深綠色到深褐色，尿液呈白濁狀都是正常的狀態）

● **整體情況**

動作是否遲鈍？

是否有好好地進食？

身體是否顯得搔癢？

或是始終歪斜著脖子？

＊ ＊ ＊

一般人往往以自己喜愛的品種或毛色為優先來尋找喜愛的天竺鼠，其實要迎進天竺鼠時，最重要的還是「健康」。最好能和健壯又充滿活力的天竺鼠一起展開快樂的生活。

有些部位從籠子外面可能難以判斷，不妨請求店員讓你慢慢地仔細觀察，連小地方也不要錯過，直到身為飼主的你覺得可以接受為止。

可以從哪裡取得天竺鼠？

● ● ●

命運的相遇雖然也很美好，不過可以的話，最好還是避免衝動購買，而是在有計畫的準備後，從容不迫地帶牠回家吧！

從寵物店取得

就算想從許多天竺鼠中挑選，在這之前還有一個重點，就是選擇店家。請從店員飼養知識豐富、購買後仍能諮詢的良心店家購買。

從購物中心・量販店・攤販等處取得

除了寵物店之外，其他地方偶爾也會有天竺鼠特價販售。不過，考慮到萬一買到了體弱的天竺鼠時的醫療費用，以及不幸往生時的心痛，就不應該僅以價格便宜這個理由來購買生物。還是先弄清楚是否為良好的店家再購買吧！

購買時店家的確認重點

● 店員具備知識嗎？
● 店內或籠子是否清潔？
● 是否有給予正確的食餌和飲水？
● 是否和其他的動物放在同一個籠子裡？
● 是否將病弱的個體和健康的個體飼養在同一個籠子裡？

從繁殖業者・朋友處取得

也可以從專門從事繁殖的繁殖業者或是朋友處迎進生下來的天竺鼠。這樣的話，也比較容易從對方那裡獲得飼養上的諮詢。購買（※無償讓與的情況除外）時，最好是向已經完成動物買賣業登錄的繁殖業者購買。

網路購買宜慎重

有些業者會在網路上拍賣活體動物，不過運送時的問題也不少，所以並不建議。即使是在網路上找到了喜歡的天竺鼠，也應該親自到店家去，親眼確認健康狀態等後再進行購買。千萬不要被圖像或文案所迷惑了。

不怕生的天竺鼠比較容易親近

徵得店員的同意後，請試著將手伸入籠子裡。比起害怕人的手而四處逃竄的天竺鼠，充滿好奇心而主動靠過來的天竺鼠應該會比較容易親近。安靜乖巧的天竺鼠，乍看下好像很容易飼養，不過有些可能是健康上有問題，必須注意。

帶回家前請先確認！

- 性別
- 大致的月齡
- 目前食用的顆粒飼料和副食
- 飼養上的注意事項
- 能夠診療天竺鼠的動物醫院

確認動物醫院

天竺鼠的身體狀況可能會因為環境的變化而崩壞。為了避免緊急時驚慌失措，請預先向店員或飼養天竺鼠的人請教推薦的動物醫院。

先靜靜地守候一段時間

剛將可愛的天竺鼠帶回家時，內心一定滿是喜悅。不過，天竺鼠在新飼主和新家的陌生環境下是充滿不安的，所以請先讓牠安靜一段時間吧！約2、3天的時間，避免驚動牠地仔細觀察情況來進行照顧。大概要等到牠開始熟悉環境的第一個禮拜後才能和牠一起玩。

傳染病對策

如果原先就有飼養天竺鼠，請先分開在不同的房間裡飼養。或是帶到動物醫院，確認沒有健康上的問題後，再讓牠們碰面。

天竺鼠的身體

● ● ●

天竺鼠和人類一樣同為哺乳類，不過身體構造和貓狗或人類完全不同。請充分了解天竺鼠的身體構造，成為更親密的朋友吧！

● 體溫： 體溫約37.2度～39.5度
● 體重： 雄性：900～1200g左右
　　　　 雌性：750～900g左右
● 壽命： 4～5年

前肢
前肢的趾頭有4根。腳底沒有被毛。雖然無法像倉鼠一樣用手抓物，不過步行或按壓東西時都會用到。

被毛
覆蓋身體的被毛有調整體溫的作用。一根被毛的粗細和人類大致相同。

後肢
後肢的趾頭有3根。腳底沒有被毛。

生殖器
雌性有Y字型的凹陷。雄性的呈圓筒型，只要按壓周圍，性器就會出現。

雌性　　雄性

爪子
和人類一樣，一生會持續生長，必須定期修剪。

乳頭
不管是雄性還是雌性，在鼠蹊部都有一對乳頭。雌性育兒時會分泌乳汁給寶寶，進行哺育。

皮脂腺
臀部周圍的皮脂腺會發出氣味，用來主張地盤等。將臀部摩擦地面般地行走，原因就在於此。

眼睛

長在臉的兩側,所以能看清楚廣大的範圍,
防禦敵人。只有鼻子的周邊無法看清楚,而
且是極度的近視眼。幾乎無法辨識顏色。

鼻子

小巧可愛的鼻子。
對氣味非常敏感。

尾椎

雖然有稱為尾椎的骨
骼,但在外觀上看來
並沒有尾巴。

牙齒

有20顆牙齒。上下門牙一生都
會持續生長,所以必須定期給
予堅硬的東西。

鬍鬚

長長的鬍鬚具有感
知器的功能,或是
用來測量與物體之
間的距離等。

耳朵

薄而小的耳朵。能清
楚聽取飼主和同伴的
聲音。

雖然有許多陌生的用語,不過在飼養天竺
鼠時,最好還是將各部位的名稱記起來。應該
有助於飼主彼此間或是和獸醫師之間進行溝
通。

喜歡什麼樣的天竺鼠？

● ● ●

選擇品種的單一重點建議

　　做為家畜已有長久歷史的天竺鼠,目前已經創造出了各種不同的毛色和品種。依照種類和目的而異,飼養方法和照顧方式也各有少許差異。決定想要飼養的天竺鼠時,最好先和家人充分商量,仔細考慮過飼養環境和各個天竺鼠的特徵後,再慢慢選擇吧!

● 捲毛是其魅力所在
　阿比西尼亞天竺鼠、冠毛天竺鼠、
　冠毛謝特蘭天竺鼠

阿比西尼亞天竺鼠

● 也推薦給初入門者!
　被毛的整理輕鬆簡單的短毛種
　英國短毛天竺鼠、泰迪天竺鼠、雷克斯天竺鼠

英國短毛天竺鼠

● 外觀極具特色。
　美中不足的是非常怕冷
　無毛天竺鼠

無毛天竺鼠

● 優雅的長毛為其魅力。
　照顧難易度屬於高級
　謝特蘭天竺鼠、秘魯天竺鼠、
　德克賽爾天竺鼠

謝特蘭天竺鼠

● 　如果期待繁殖的樂趣，就必須有能夠設置大巢箱的寬敞籠子，也必須另外準備將出生後的天竺鼠寶寶，以及天竺鼠父母分別飼養的籠子。單隻和複數飼養，除了所花費的工夫不一樣，在食餌費用、副食費用以及醫療費用上，也有驚人的差異。此外，叫聲此起彼落，可能會有人覺得很吵。想要飼養一對或是複數時，最好先和同住的家人商量一下。

一隻天竺鼠大致需要的籠子空間
寬600 × 深350 × 高350mm 以上

　天竺鼠約4個月大時就會長到成鼠的大小。如果依在商家購買時的體型來選擇籠子，可能會陷入以後又得重新購買的窘境，必須注意。另外，天竺鼠並沒有很好的跳躍能力，所以籠子不需要太高，不過也有些天竺鼠喜歡跳到巢箱上面遊戲。這是天竺鼠度過一天大半時間的場所，請儘量選擇空間寬裕的尺寸吧！寬敞的籠子可以大為減輕天竺鼠的壓力。

向馴熟可親的天竺鼠挑戰！

只要仔細地照顧，天竺鼠就會對你非常親近，可以說是好養動物的代表。因此，有許多幼稚園或小學都會飼養天竺鼠。天竺鼠這種與生俱來的好性情，在飼主滿滿的愛情下，應該更能被引發出來。來看看可以和天竺鼠變得更親近的要領，以及不會被天竺鼠厭惡的行為和重點吧！

● 和天竺鼠變親密的秘訣就是，
　要以「不做讓牠討厭的事」為原則

你是否想過，對天竺鼠而言的不悅行為是指什麼樣的事情？就算對飼主來說是一種疼愛，但如果天竺鼠一直感到恐懼或是不愉快，彼此間的關係只會越來越惡化而已。請站在天竺鼠的立場，避免做出讓牠討厭的事吧！

天竺鼠不喜歡的事情是？

■ 突然被巨大的聲音或不明聲響嚇到
　　→天竺鼠是對聲音非常敏感的動物。由於沒有任何攻擊技巧，所以在逃走這方面是超級一流的。有敵人嗎？有危險嗎？牠們總是會敏感地對周圍豎起天線。

■ 受到追逐
■ 被人粗暴地抓住
■ 被人從上面猛抓起來
　　→這些都是會讓牠聯想到被天敵攻擊的行為。就算對方是飼主也一樣。請學會有穩定感的正確固定方法。

■ 無法安穩的環境（有牠害怕的動物、
籠裡或食餌‧飲水髒污等等）

　→和我們人類一樣，如果被置於不安的狀
況下，天竺鼠也會感受到壓力而變得無法安
穩，更談不上享受膚觸的樂趣了。

和天竺鼠的重要約定

　　對可愛的天竺鼠，我們需要做的最重要的
約定是什麼呢？並不是給牠零食，也不是偶爾
陪牠玩樂，每天的照料才是最重要的。有空時
才心血來潮地逗牠玩，三不五時就餵牠吃東
西，光是這樣，天竺鼠是不會打開心房的。唯
有將清掃和餵食等這些看似平常的照料日積月
累下來，才能慢慢感受天竺鼠的信賴和愛情。

天竺鼠也可以進行教養嗎？

　　天竺鼠可以像狗狗一樣進行教養嗎？很遺
憾，答案是否定的。狗狗和飼主可以藉由教養
或命令的服從關係來連結，不過天竺鼠和我們
卻能藉由愛的關係來密切連結。天竺鼠的性情
好，天生擁有溫和順從的個性，希望飼主能珍
惜這一點來好好地飼育牠。

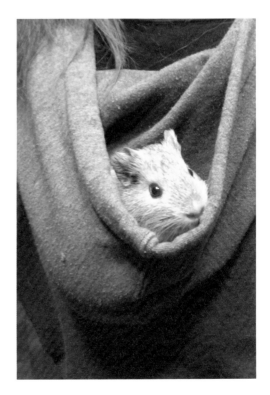

經常對牠說話吧！

● ● ●

天竺鼠是可以藉由叫聲來取得溝通的動物。牠們的聽力非常發達，能夠分辨各種不同的聲音。請多向天竺鼠說說話吧！牠們或許無法了解人類的語言，卻能分辨飼主溫柔的表情和變化豐富的音調，並且會以牠們自己的方式來感受飼主的關懷和體貼之情！

問題行為都是有原因的

偶爾也有會咬人或抓人的天竺鼠，其實，天竺鼠本來並不是會對其他動物威嚇或是咬住不放的動物。如果家裡的天竺鼠出現這樣的行為，請不要給予打罵等體罰，還是趕快弄清楚是什麼原因造成牠變得具有攻擊性吧！

■ 是否因為肚子餓而焦躁不安？
　　→請創造出讓牠無論何時都能盡情享用新鮮牧草的環境。

■ 是否曾被粗暴地碰觸、打到，
　或是摔落到地上？

　　→是否曾經出現過讓牠覺得生命有危險的場面？如果天竺鼠顯現出怕人的樣子，請暫時不要和牠玩，回到剛見面時的狀態，從隔著籠子用手餵食開始，重新修復關係吧！

■ 是否有受傷或生病？

　　→身體狀況不好時，被人亂摸對天竺鼠來說當然是不舒服的事。只要樣子和平常有點不同，就要到動物醫院做健康檢查。

● 創造毋須斥罵、對天竺鼠而言自由自在的環境

　　做這個也不行，做那個也不行，這樣的話天竺鼠也會變得憂鬱。請避免這種情況發生地建造出沒有危險的遊戲場所、被弄髒也沒關係的環境後，和天竺鼠一起玩樂吧！

以天竺鼠的立場來考量

　　現在天竺鼠是什麼樣的心情呢？請試著站在天竺鼠的立場來想一想吧！會熱嗎？會冷嗎？有沒有覺得不方便的地方呢…？

　　如果能經常以這樣的立場和天竺鼠相處，可愛的天竺鼠和飼主之間的關係，一定會比現在更加密切。

CHAPTER 02

讓天竺鼠幸福生活的
生活用品 & 食餌

接下來要介紹天竺鼠基本的飼養用品和食餌種類。用品可能需要依照天竺鼠的個性和生命階段，更換不同的大小或材質。食餌方面，目前販售有許多種類，請仔細挑選優質的食餌來給予。副食不要只是當作零食，也可以做為補充營養的食物，有計畫地給予。

基本的飼養用品

● ● ●

籠子

度過一天大半時間的重要居住空間

對天竺鼠來說，常常會有籠子過於狹窄的情形，但卻不會有因為過度寬敞而感到困擾的狀況。籠子還是選擇寬敞、空間充裕的尺寸吧！有預定繁殖的人，必須預先考慮到讓雙方同居時的空間，以及可放入育兒用的寬敞巢箱的大小。籠子是天竺鼠度過大部分時間的重要場所，請選擇寬敞的籠子，以免運動不足。

● 籠子要選擇未經塗裝的

以不鏽鋼製的為佳

許多小動物用的籠子都有鍍鋅加工或是塗上油漆。天竺鼠是喜歡啃咬的動物，如果日常性地持續啃咬這些東西時，就可能會發生鋅中毒或是塗料中毒等情況。若是將籠子洗淨的話，大約3年就會漸漸生鏽。如果選用不鏽鋼的籠子，就能永久使用，也可以不用擔心材質劣化的問題。

● 籠內佈置時的注意事項

為了避免天竺鼠運動不足，必須確保可以讓牠到處自由活動的空間。籠子裡面最好準備有睡覺場所、進食場所、遊戲場所、躲藏場所等各種空間。如此一來，有些天竺鼠甚至還會記住如廁的地方。

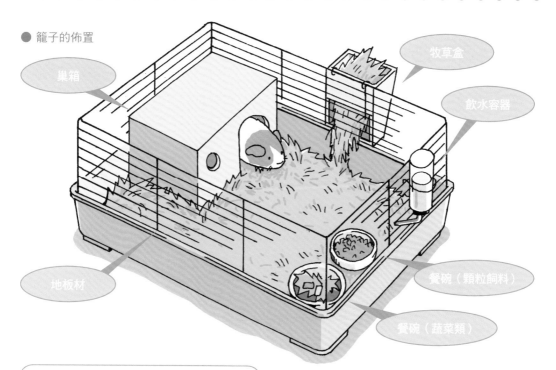

● 籠子的佈置

牧草盒

巢箱

飲水容器

地板材

餐碗（顆粒飼料）

餐碗（蔬菜類）

飲水容器、餐碗

● 飲水容器、餐碗的設置

請站在天竺鼠的角度來考慮。要設置在天竺鼠不需採取勉強的姿勢就能輕易進食、輕鬆飲水的位置。

● 飲水容器、餐碗

用塑膠製的容器就可以了，不過天竺鼠若有啃咬的情形，還是換成不鏽鋼製的比較好。陶器製的容器具有穩定感，但需注意破裂造成的傷害。因為是每天使用的物品，比起外觀設計，還是以使用方便、堅固耐用做為優先考量吧！

● 飲水瓶

　使用飲水瓶，天竺鼠就能經常喝到清潔的水。因為天竺鼠可能會將食餌塞進出水口，或是對著出水口吹氣，所以每天更換飲水時都要檢查是否堵塞。

● 備有兩個容器會比較方便

　多準備一個替換的容器，就能經常清潔地使用。

選擇地板材

● 腳踏墊・鐵絲網

　雖然糞便或尿液會往下掉，使用起來很方便，不過天竺鼠的腳底沒有被毛，皮膚也不厚，如果髒污或小傷口放置不管的話，可能會引起發炎或感染。材質建議使用天然材料製成的。如果天竺鼠在腳踏墊或鐵絲網上有腳陷落或是絆倒的情況出現，就必須重新評估。也可以併用稻稈或牧草等來填補隙縫，以免腳陷落下去。

● 尿便墊

　多便多尿的天竺鼠，飼養時建議利用尿便墊。不過，如果天竺鼠有將尿便墊吃掉的情況出現，就要在上面鋪上稻稈或是牧草，觀察情況直到天竺鼠習慣墊子的存在。不管怎麼做都會將尿便墊吃掉時，就不要使用尿便墊。髒了請儘快做更換。

● 木屑、鋪砂、稻稈墊料

　　木材加工製成的木屑或鋪砂等地板材，不只材質安全，也可期待除臭效果及保溫效果，真是一石二鳥。被天竺鼠的糞便或尿液弄髒的地方，要立刻用鏟子等清除乾淨。在木屑的材質方面，使用松樹等針葉樹製造的木屑可能會引起過敏反應，所以請選擇闊葉樹（枹樹、扁柏、白楊等）的木屑。為了避免傷到天竺鼠纖薄的皮膚，請選擇邊緣不尖銳、呈圓形的木屑。

玩具

　　天竺鼠雖然很少使用玩具玩遊戲，不過天然材質又能咬著玩的玩具，仍有助於消除壓力，所以也可偶爾給予。市面上販售的倉鼠或兔子用的玩具，由稻稈或天然木材、樹實等製成的球或積木等，都可以當成天竺鼠的玩具。此外，不玩的玩具只會讓籠子變得狹窄，所以在變髒前要儘快取出。也可試著將幾種玩具輪流更換地給予。有效地利用玩具，有助於消除天竺鼠的壓力並防止牙齒過度生長。

提籠

請選擇有穩定感，可以讓待在裡面的天竺鼠能夠安心地度過，又不會清楚地看見外面的製品。冬天時建議使用具保溫力的塑膠製品，夏天則建議使用透氣性佳的鐵絲網等金屬籠製品。

巢箱

做為天竺鼠躲藏、安心睡覺用的場所，巢箱是絕對必要的。可以使用兔子用的木製巢箱等。如果天竺鼠不會啃咬，也可以在硬質的銅版紙或瓦楞紙做成的小箱子裁切出入口，代替巢箱使用。這時，只要髒了就要立刻更換。

趾甲剪

天竺鼠的趾甲一生都會持續生長，因此必須定期修剪。先準備好小動物用的趾甲剪吧！

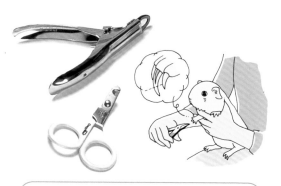

小動物用梳子

在天竺鼠的被毛整理上，利用的是由小動物專用的柔軟材質所製成的刷子或平梳。天竺鼠的皮膚很纖細，為了避免傷到皮膚，請勿使用針梳等尖銳物品。

胸背帶

最近寵物店也販售有散步用的胸背帶。如果天竺鼠不會討厭的話，天氣良好的日子就可試著帶牠去散步看看哦！

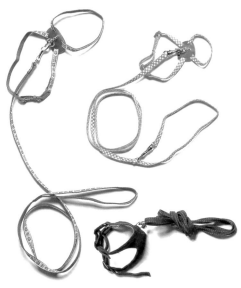

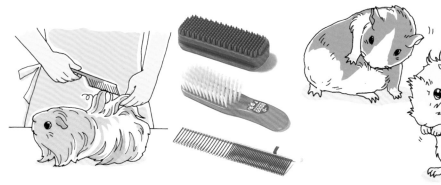

THE Guinea pig

有的話會比較方便的清掃、飼養用品

● ● ●

介紹除了基本的飼養用品之外，如果有的話既好用又方便的單品。

廚房用秤

平常就要用磅秤來記錄體重的增減。對於每天的健康管理和疾病的早期發現都很有幫助。如果要添購的話，最大秤重2公斤的磅秤就夠用了。

扣環・洗衣夾

防止天竺鼠從籠子脫逃的用品。平常就要使用扣環或洗衣夾固定好出入口，讓天竺鼠無法輕易打開。

浴用矮凳

在室內散步時，可以做為小小的遊戲場所或躲藏場所，對天竺鼠本身來說是非常寶貴的。可以先在下面鋪上尿便墊或報紙。

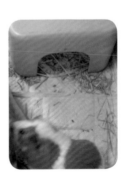

矽膠（乾燥劑）

有助於食餌的保存。在家庭購物中心或超市的糕點製作專區等都有販售。注意不要讓天竺鼠誤食了。

瓦楞紙箱

只要開個洞，就能做為代用的簡易巢箱。但如果天竺鼠會啃咬瓦楞紙板就不適合使用。由於很容易髒污，所以要經常更換。

小掃帚和畚箕工具組

桌上用的小掃帚和畚箕工具組，在清掃散落於籠內的糞便或食餌殘屑時，可充分派上用場。

衛生筷、玻璃滴管

發現糞便或嘔吐等異常時，可以用來採集。採集到的東西要放入底片盒等，一起帶去動物醫院。

研磨缽

可以將堅硬或較大的顆粒飼料等磨碎後給予。在咬合不正或因生病而需強制餵食時很有幫助。

關於食餌
（顆粒飼料・蔬菜・副食）

● ● ●

天竺鼠的特徵之一就是無法在體內形成維生素C，這點和我們人類一樣。只要維生素C稍有不足，就會成為各種不同疾病的原因。

在考量天竺鼠的食餌上，大前提就是要先牢記：為了維護天竺鼠的健康，身為飼主的人必須持續給予優質的維生素C才行。

顆粒飼料

雖然顆粒飼料有完全營養食之稱，但還是要挑選適合天竺鼠生命階段的產品。根據天竺鼠的身體狀況和年齡而異，可能會有顆粒過大或是太硬而無法食用的情形，而且光是吃柔軟的顆粒飼料也會成為不正咬合的原因。

還有，依照顆粒飼料的種類，也可能會有營養價值過高，或是減肥用飼料等營養過低的情形。由於這也是造成慢性肥胖或營養過剩、營養不足的原因，因此請隨時重新評估，看看目前給予的顆粒飼料是否適合天竺鼠的年齡和身體狀況。

此外，天竺鼠的顆粒飼料中會添加維生素C，而維生素C是很容易劣化的，所以購買時最好先確認保存期限，並在開封後密封保存於冰箱。

蔬菜、水果

為了積極給予維生素C，最好每天都給牠新鮮的蔬菜和水果。蔬菜建議給予營養價值高的青江菜、小松菜、白蘿蔔葉、荷蘭芹、蘿蔓萵苣、紅蘿蔔、芹菜等。

除此之外，當季的新鮮蔬菜或野草、水果等，也可以另外做為零食給予。

最近，為了配合人類的喜好，有許多蔬菜都會減少食物纖維以改良口感。想要讓天竺鼠充分攝取到不可欠缺的纖維質，就必須注意多多給予蔬菜。

雖然也可以給予白菜或萵苣、小黃瓜等，但因為這些蔬菜水分多且營養價值低，所以不妨做為零食給予。

● 需注意殘留農藥

農藥的殘留對小小的天竺鼠來說是很嚴重的危害，有時甚至攸關生命。一定要用流水充分清洗之後才能給予。

● 可以給予的高營養價值蔬菜

小松菜、青江菜、白蘿蔔葉、芹菜、荷蘭芹等。

● 不可給予的蔬菜

菠菜、茖蔥菜（因為含有草酸）、酪梨、青蔥、洋蔥、韭菜、大蒜等。

● 可以做為零食給予的野草

　　繁縷、蒲公英、車前草、薺菜、苜蓿等。

　　野草最多只能做為享受季節樂趣的零食。請在未受汽機車廢氣、殺蟲劑、枯葉劑、農藥、貓狗糞尿等污染的地方，或是自家庭院等可以信賴的清潔安全場所採摘，充分水洗過後再給予吧！

● 其他的水果、蔬菜

　　蘋果、柳橙、草莓、紅蘿蔔、小黃瓜、切薄片的南瓜、甘藷等都可做為零食。

　　不過，若是只給這些東西，天竺鼠不但會變得不吃顆粒飼料，造成營養偏頗，也會成為肥胖的原因。請特別注意不可過度給予

┌─────────────────────────┐
│　　　　　　牧草　　　　　　│
└─────────────────────────┘

● 牠愛吃多少就給多少

　　天竺鼠的牙齒會永久性地持續生長。如果只吃顆粒飼料，牙齒的摩擦力會不足。也為了預防咬合不正，牧草請讓牠在任何時候想吃多少就能吃多少。

● 給予柔軟新鮮的牧草

　　請給予天竺鼠禾科的提摩西草或豆科的紫花苜蓿。和禾科的牧草比起來，富含鈣質及蛋白質的紫花苜蓿要特別注意不可過度給予，應僅止於和其他牧草混合，當作零食來給予；主要還是應給予提摩西草。

　　此外，又老又硬的牧草不只營養價值低，也可能會傷害天竺鼠柔嫩的嘴巴內部或是胃黏膜，所以請只給牠柔軟的新鮮牧草。

也可投與維生素劑

　　天竺鼠是不能欠缺維生素C的。在每天的飲水中添加維生素C也很有效。

　　不過，維生素C是很容易劣化的物質，所以使用上必須注意。維生素劑最好是由動物醫院開立處方取得，如果要利用市售產品，一定要選擇詳載使用期限、內容標示明確的製品。

　　還有，為了防止維生素劑劣化，請冷藏保存；添加維生素劑的飲水也需設置在陽光直射不到的場所，並且經常更換。

食餌的保存方法

　　穀物‧種籽類在梅雨或夏天時可能會生蟲。如果有活著的蟲，雖然也可以視為不用擔心農藥的優質食餌，不過最好還是不要有蟲出現。

　　食餌包裝開封後，要儘速移至清潔的瓶罐中，將乾燥劑和用來驅蟲的辣椒等一起放入後，蓋緊蓋子，保存於冰箱中。開封時，若有發霉的氣味就絕對不可給予。

知道家中天竺鼠的喜好

　　和人類一樣，天竺鼠也有喜好。預先掌握家裡的天竺鼠喜歡什麼食物，就能在牠食慾低落時等設法促進食慾。有些天竺鼠非常喜歡小黃瓜，也有些天竺鼠喜歡紅蘿蔔片。

　　不妨平常就仔細觀察家裡的天竺鼠喜歡吃些什麼吧！

不要給予多餘的東西

　　市面上也販售有囓齒類用的零食，不過最好不要給予多餘的東西。就算是要做為感情交流的工具，也請僅止於極少量。為了天竺鼠的健康著想，平常就要注意讓牠確實攝取主食和牧草。

為天竺鼠製作無農藥沙拉

• • •

　　何不試著利用市售的燕麥或義大利黑麥草的種籽等，用花盆來栽種出天竺鼠專用的沙拉田吧！只要使用植樹缽盆的大小來栽種就足夠了。

　　播種後，用托盤等覆蓋在上面，促使其發芽。等發芽後再拿掉蓋子，放在日照良好的場所培育。

　　園藝用肥料含有對天竺鼠而言有害的成分，所以培育時最好不要使用肥料。另外，給予時請注意避免讓天竺鼠直接碰觸到泥土。

　　如果在綠色蔬菜的旁邊搭配種植紅色萵苣等，在收穫前的期間還能做為觀賞植物，享受色彩妝點的樂趣。

　　來創作充滿自我風格的無農藥迷你農園，和天竺鼠一起吃得美味又健康，從體內散發活力與美麗吧！

打造成變化豐富的迷你農園

　　最近市面上也販售有只要澆水即可的香草栽培組，或是繁縷、蒲公英、水芹等加以混合的野草種籽。

　　此外，青花菜或小松菜、櫻桃蘿蔔等，不只是天竺鼠，飼主也可以一起美味地食用。

CHAPTER 03

變化豐富的
天竺鼠的品種

天竺鼠的毛色變化豐富，被毛也有長有短，其中甚至不乏姿態奇特的種類等等，有各種不同的品種。

天竺鼠的品種

● ● ●

天竺鼠做為伴侶動物的歷史很長久，長年進行品種改良至今。現在，包含美國在內，歐洲各國等也經常舉行品評會。

01＊English

01 * 英國短毛天竺鼠

英國改良的短毛種。擁有較短且具光澤、柔軟滑順的直被毛。毛質有標準型和具光澤的絲絨型。毛色變化多，容易取得，被毛的整理上也不難，是推薦給入門者的品種。

02 * 阿比西尼亞天竺鼠

英國改良的捲毛種。被毛較硬，不是很長。身體上有毛漩（玫瑰花形）。毛色變化也很豐富。毛質有標準型和具光澤的絲絨型。是自古以來就為人所知的天竺鼠品種，日本國內也很容易取得，是人氣品種之一。

03 ＊ 冠毛天竺鼠

直毛的短毛種，重點是只有頭頂部的一點有著像梵天般的毛漩。冠毛天竺鼠也有2種，分別為僅渦旋部分為白色的美國系，以及色彩變化豐富的歐洲系。

03＊Crested

04 * 無毛天竺鼠

　　正如其名，是身上光禿禿、像小豬般的天竺鼠。除了日本市面上較常見的在鼻子、腳尖多多少少還有一點毛的類型之外，國外甚至有全身完全無毛的類型。

　　在日本市場流通的幾乎都是雄性。因為被毛少，不耐冷熱溫差，一整年都必須進行溫度管理。此外，平日的皮膚病預防是不可欠缺的。

05 * Peruvian

0 5 * 秘魯天竺鼠

　　這是在法國做為玩賞用而改良品種所產生的長毛種。以柔軟又具光澤的直長被毛為特徵，其柔軟的被毛有的甚至長達30cm以上。想要保有這種優雅美麗的被毛，勤於梳毛和徹底的籠內清掃是不可欠缺的，因此可以說是不適合初次飼養者的品種。

06 * Sheltie

0 6 * 謝特蘭天竺鼠

　　被毛蓬鬆柔軟又具光澤的長毛種。特徵是胸部的被毛比背部和頭部的還要長。毛質有標準型和絲絨型（有光澤的被毛）2種。想要維持美麗的被毛，梳毛是不可缺少的。

07 * 泰迪天竺鼠

美國改良的短毛種。密集生長的膨鬆、豐厚又具彈性的短捲毛非常可愛。

08 * 德克賽爾天竺鼠

擁有捲被毛的長毛種。1980年代在英國以雷克斯天竺鼠和謝特蘭天竺鼠為本源所創造出來的。除了頭部為短毛外，整體都是帶有大波浪的長捲毛，極具特色。

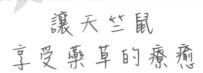

讓天竺鼠享受藥草的療癒

何謂整體醫學藥草？

　　所謂的整體照護，是指提高生物天生擁有的自然治癒能力，以非西方醫學的方法，導向無疾病的健康身體的照護。不只是從醫療的觀點來看，營養、心理健康、飼養環境的重新評估等，都可藉由藥草的利用，將天竺鼠導向更愉快健康的生活。

享受自然的恩惠吧！

　　野生動物會配合自己的身體狀況，就近攝取適量的必需藥草。想必有很多人也都看過狗狗或貓咪去吃庭院裡冒出芽的野草吧！那是因為動物們也會輕鬆地利用藥草來享受自然的恩惠。

身邊的綠色植物也可以做為醫學藥草

　　在路邊茂盛生長、極其普遍的野草中，有些做為醫學藥草其實有令人驚訝的藥效，能以溫和的作用為動物們帶來健康和療癒。

常見的香藥草及其藥效

●蒲公英：根部對肝臟有強化作用，葉子具有補充營養、利尿作用、改善浮腫等功效。

●車前草：可以保護呼吸器官、消化器官、泌尿器官，具有皮膚發炎時的收斂作用等。

●繁縷：有光滑皮膚的作用、潤滑作用、鎮靜作用、保護體內黏膜的作用、利尿作用、強壯作用等。

●薺菜：有利尿作用、收斂作用、止血作用、強壯作用等。

●荷蘭芹：具有補充營養、利尿、抗菌作用，可緩和關節炎的發炎症狀等。

●辣椒：有溫暖皮膚的作用、止血作用、抗發炎作用、鎮痛作用、強壯作用等。

蒲公英　薺菜　車前草

活用整株植物

一般認為，比起精油或酊劑等只抽出植物特定成分的東西，直接新鮮地利用整株植物，在藥效及安全性上都會比較高。

藥草的型態

●新鮮藥草：使用家庭菜園種植的藥草。剛收穫的新鮮藥草，不論是營養還是藥理成分都很豐富。不過其中也有不乾燥就無法引出藥理成分的種類。

●乾藥草：將藥草乾燥而成。不同於新鮮藥草，任何季節都能取得。

●藥草茶：依疾病將所需量的藥草浸泡在熱水中製作而成的浸劑。

在每天的生活中享受藥草的樂趣

希望家裡的天竺鼠能夠沒有壓力、幸福地生活，這是身為飼主的想法。不過實際上，飼主要100%配合天竺鼠的生活是不可能的。在不知不覺中，心理或身體承受壓力或疾病侵蝕的情形並不罕見。所以希望能在每天的生活中融入藥草，在宜人的香氛包圍下，和天竺鼠一起共享舒適的每一天。

●給希望知道得更詳細的人
Herbs for Pets 寵物草藥大百科
Mary・L・Wulff- Tilford ／Gregory・L・Tilford 著
金田郁子 譯
出版社：（股）NANA corporate communication

CHAPTER 04

更進一步享受
和天竺鼠生活的樂趣！

如果希望可愛的天竺鼠能夠幸福地生活，就要以天竺鼠的角度每天檢查飼養環境是否有不完備之處，確實地守護牠遠離意外事故或傷害吧！

守護天竺鼠遠離危險和外敵

● ● ●

能夠守護可愛的天竺鼠的，除了飼主之外別無他人了。先充分認識天竺鼠的外敵，以防範意外於未然吧！

● 小朋友（必須有大人陪同）

在習慣之前，大人必須要陪在旁邊。天竺鼠不會危害小朋友，但是小朋友因為不會拿捏力道，可能會不小心就做出了粗暴的舉動，造成讓雙方都遺憾的意外。另外，剛從店家帶回不久的期間，因為天竺鼠太可愛了，小朋友往往會不知不覺間過度照顧，要是太過頻繁地撫摸的話，天竺鼠可能因此承受壓力而縮短壽命。天竺鼠是敏感又膽小的的生物，為了培育

小朋友珍惜生物的心，一定要有大人陪在旁邊留意情況。

● 烏鴉

對於雜食性強的烏鴉來説，或許牠們會覺得籠內的天竺鼠是一頓美味的大餐。讓天竺鼠在陽台或簷下走廊做日光浴時，眼睛絕對不可離開籠子。

● 放養的貓狗

對狗狗和貓咪來説，就算當時牠們的肚子不餓，天竺鼠還是極有吸引力的「活動玩具」，會成為被捕食的對象，所以要注意。

如果不是感情特別好，就不能讓牠接近其他動物。

● 蛇

蛇對天竺鼠來説是捕食者，也是天敵。會從意想不到的地方，順著庭院樹木或屋簷，悄悄來到天竺鼠身邊。將籠子拿到窗邊或陽台上時，請特別注意視線不可離開。

● 噪音和震動

如果將天竺鼠的籠子放置在工地附近或是面對交通流量大的馬路的窗邊，噪音和震動、汽機車廢氣、溶劑氣味等，都會為膽小的天竺鼠帶來非常大的壓力。請將籠子移到安靜、可以讓牠舒適穩定下來的場所。

● 花壇和花盆的泥土或肥料、農藥

用於園藝或花盆栽培的泥土或肥料，其中可能含有許多對天竺鼠來説極為有害的物質。想要吃花盆栽種的綠色植物卻不小心吃到土，也可能會引起中毒。不只是除蟲劑，也要注意絕對不可讓天竺鼠的嘴巴碰觸泥土或肥料，並且注意保管場所。

● 注意窗簾的鉛條

窗簾的下襬可能裝有鉛條，請注意不要讓在室內散步的天竺鼠吃到鉛。誤食的話可能會造成鉛中毒，要了天竺鼠的小命。

危險潛藏在意想不到的地方

請以天竺鼠的角度來預知危險，留心安全對策。

可以和天竺鼠一起生活的動物

● ● ●

天竺鼠是性格溫和的動物。幾乎沒有危害同伴或是對其他動物產生攻擊性的情形，但卻可能無法好好地在一起同居。而且，有的天竺鼠好奇心旺盛，即便對方是捕食者，還是會不知害怕地大膽接近，導致悲慘的意外。想要讓天竺鼠和其他動物每天都能愉快地生活在一起，飼主在選擇室友上應特別慎重。

可以飼養在同一個房間內的動物

● 兔子・天竺鼠・絨鼠・倉鼠・烏龜・小鳥等小動物（主要為草食動物）

天竺鼠可以和這些動物飼養在同一個房間中，不過籠子必須分開，配置在互相不會注意到對方的場所。讓牠們同時在室內散步可能會有危險。放牠們出來房間裡自由活動時，視線不可離開，以免發生意外。

不能飼養在同一個房間內的動物

● 狗・貓・雪貂・貓頭鷹等
（主要為肉食動物）

不管平日有多麼溫馴，貓狗等動物的本能都不會完全消失。而且，對天竺鼠來說，和這些身為捕食者的動物在同一個房間裡生活，也會帶來非常大的壓力。不只是籠子，房間也一定要分開才行。

同種就能同居嗎？

● 最好是感情良好的雌鼠們。
雄性間彼此會打架，需注意

即使同為天竺鼠，彼此也有相處問題，未必都能融洽地生活在一起。就算是平常乖巧的天竺鼠，到了迎向性成熟的時期，不管是對飼主還是同伴，都會開始主張勢力範圍。這時，不妨視情況暫時性地分開籠子，直到牠們恢復冷靜為止。要是等到意外發生那就太遲了。

雌雄要分開飼養

沒有預定繁殖時，請不要讓雌雄同居。還有，即便有繁殖的計畫，被性成熟的雄鼠窮追不捨，雌鼠也會承受極大的壓力。基本上還是應該將雌雄分開飼養。

複數飼養需注意

就算天竺鼠沒有打架的情形，也要仔細確認是不是所有的天竺鼠都有充分進食。如果有無法吃到食餌的天竺鼠，就必須分開籠子飼養，或是追加新的餐碗、飲水瓶、巢箱等。

同居的重點

最好是沒有體力差距、月齡相近的同伴。如果在高齡天竺鼠的籠子裡，突然放入天竺鼠寶寶或是年輕的天竺鼠，對高齡的天竺鼠來說可能是一種壓力。之後才想追加飼養時，不妨先隔著籠子讓牠們互動、取得充分的交流後，再嘗試同居。飼主請在籠子旁邊確實地守護一段時間，觀察是否有問題發生。

打造天竺鼠可以安全生活的房間

● ● ●

房間裡面充滿了危險！

一般來說，天竺鼠的死亡原因之一，有許多都是在室內遊戲時發生的意外。在家中不管是對飼主還是天竺鼠來說，都潛藏著許多意想不到的危險。讓天竺鼠在房間裡遊玩前，請先再次檢查一下是否有危險的東西吧！

● 身旁的危險物品

電線、電爐、鏡子、玻璃、浴缸、電風扇、換氣扇、廚房的微波爐、冷氣機和牆壁的隙縫、家具和牆壁的隙縫、家中的藥品、樟腦丸、蠟筆、奇異筆、火柴、燈油、黏著劑、指甲油、香水、化妝品、顏料、香菸、人類的食物等。

● 對天竺鼠有毒的植物

孤挺花、杜鵑花、麝香豌豆、喇叭水仙、聖誕紅、牽牛花、水芋、鳶尾花、鈴蘭、黃楊、柊樹、馬纓丹、夾竹桃、石南、東北紅豆杉、番紅花、罌粟、紫藤、櫻花木等。

● 房間的所有隙縫都要塞住

只要頭部進得去，天竺鼠就可能會躲進任何隙縫間。衣櫥的隙縫、鋼琴下方、冰箱後面等，陰暗狹窄的地方對天竺鼠來說是深具吸引力的躲藏地點。不過，進得去卻不一定能出得來，而且也有吃到人手無法觸及的縫隙中累積的灰塵或是有害物質的危險。還是預先將天竺鼠可能進入的隙縫全都塞起來吧！

● 小心注意，安全為上

想要避免悲傷的事故發生，防範於未然是不可欠缺的。不管多麼小心，確實採取安全對策才是最重要的。為了避免事後後悔，平常就要四處檢查讓天竺鼠進行室內散步的房間，守護天竺鼠遠離危險。

關於天竺鼠的
獨自看家＆移動

● ● ●

　　長久一起生活，飼主可能會面臨必須離家的情況。這時，是要將天竺鼠一起帶去旅行？還是要讓牠自己顧家呢？各方面都必須預先考慮清楚才行。

一起外出時

● 利用小動物用的提籠

　　不要將平常使用的籠子整個帶出去，外出時，建議利用小型的提籠。因為直接使用籠子，不僅天竺鼠會不穩定，外面也看得一清二楚，很難安穩下來。此外，也為了避免食餌或糞便散落在交通工具中，還是另外準備較小的提籠吧！

● 提籠上要覆蓋透氣性佳的淺色罩布

　　罩布最好使用材質薄且透氣性佳的。偏黑色的布會吸熱，一下子就會使得籠內溫度提高，讓天竺鼠有中暑之虞。

● 補充水分時，蔬菜較方便

　　直接放入飲水瓶或飲水容器，會讓天竺鼠的身體被水淋溼。因此，要進行稍微的水分補充時，只要放入做為副食的青江菜等蔬菜就可以了。即使如此，每個小時最好還是要有一次的休息時間，讓牠可以盡情地喝水。

● 搭車移動時

　　開車旅行很舒適，不過絕對不可以將天竺鼠留置在車內。即使只有幾分鐘，密閉的車內溫度也會驚人地上升，因為中暑而導致死亡的案例層出不窮。下車時，天竺鼠也一定要連同提籠一起下車。考慮到交通阻塞的情況，預先在保冷箱中保存冰涼的礦泉水或蔬菜，比較讓人安心。

讓天竺鼠獨自顧家時

● 一晚的情況

　　如果是一晚左右的外出，天竺鼠是可以獨自看家的。不過，為了預防萬一，籠內請先放入2個餐碗和2個飲水容器。如果必須調節室溫，也要設定好冷暖氣。

● 兩晚的情況

　　託付給動物醫院或寵物旅館。如果是經常看診的動物醫院就更安心了。託付給寵物旅館時，請選擇備有小動物專用房間的旅館，以避免天竺鼠和貓狗、雪貂等同室，承受壓力。

● 尋找寵物保母

　　飼養隻數較多時，或是還有飼養其他動物時，不妨考慮寵物保母。也可以避免因為移動或環境改變所造成的壓力、傳染病等。

● 託付他人時要儘早聯絡好

　　請先調查好萬一離家時，位於住家附近可以利用的服務設施吧！暑假、過年及黃金週等都是熱門時期，所以要及早預約。不管是哪一種情況，都要注意提前再提前，以免到了眼前才慌慌張張。外宿時要有計畫，並且選擇不會對天竺鼠造成壓力的最佳方法。

天竺鼠的 Q&A

● ● ●

Q1 天竺鼠臭臭的。有什麼好的對策嗎？

【日常照顧是關鍵。】

＊＊＊

A1 如果是被毛髒污，可以用小動物用的刷子輕輕梳毛，梳掉髒污和塵埃後，用徹底擰乾的毛巾等仔細擦拭被毛。被毛如果打結，就用剪刀將該部分剪掉。如果這樣仍然無法除去髒污，還是有令人在意的氣味時，才能用溫水清洗。不過，同為囓齒類的水豚雖有進入水中游泳的習性，但天竺鼠卻沒有入水的習性，所以這會帶給天竺鼠極大的壓力，因此請在短時間內迅速完成。將天竺鼠放進淺淺地裝有約40℃溫水的洗臉盆中，迅速用溫水沖洗被毛。洗毛精如果沒沖乾淨會成為皮膚炎的原因，所以不加使用。注意勿使溫水進入耳朵或眼睛裡。沖洗後立刻用毛巾包住，仔細擦拭到全乾（使用吹風機有燙傷之虞）。在冬季時，還有幼齡或高齡、生病或受傷中、懷孕中的天竺鼠，都不可以讓牠入浴。

只要日常勤於清掃籠內，經常梳毛，就幾乎不會發生天竺鼠氣味令人在意的情形。入浴是最後的手段。平日就經常梳毛，儘量避免對天竺鼠造成負擔吧！

Q2 家裡的天竺鼠會咬同伴的毛。
該怎麼辦才好？

【 可能是纖維質不足或是壓力造成的。 】

＊ ＊ ＊

A2 當天竺鼠彼此感情融洽時，難免會想飼養在同一個籠子裡；但如果食毛的情況太嚴重時，或許分開養在不同的籠子裡比較好。纖維質一不足，天竺鼠就會開始出現吃掉被毛的情形，因此請給予大量的柔軟牧草，讓牠可以愛吃多少就吃多少。

另外，極度的壓力也會成為天竺鼠食毛的契機。只要出現食毛的症狀，就要仔細觀察，看看籠內是否有過密飼養的情況？被毛遭咬的天竺鼠是否受到其他天竺鼠的欺負？會啃咬被毛的天竺鼠是否暴露在噪音或震動、其他動物的威脅下？依照當下的情況來考量天竺鼠間彼此的適合度和組合吧！

除此之外，有時天竺鼠也會自己咬掉自己的被毛。這時也同樣必須找出原因。天竺鼠可能是因為覺得癢而拔掉被毛的，所以請飼主撥開被毛，仔細檢查皮膚上是否有造成搔癢或傷口發疹等皮膚病的症狀。

用按摩進行肌膚接觸

以充滿飼主愛心的手工按摩
來療癒天竺鼠的身心吧！

天竺鼠很喜歡被人撫摸

與人親近的天竺鼠非常喜歡受到飼主的撫摸。如果能學會按摩的要領，天竺鼠也會融化在你的雙手中。

關係變得親密後才能開始按摩

天竺鼠是膽小的動物。來到家中不久的天竺鼠、和人還不馴熟的天竺鼠等，萬一突然被摸會感到害怕。按摩請在雙方感情融洽後再開始吧！

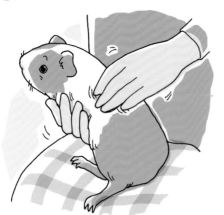

按摩的順序

■ 先梳毛去除被毛上的髒污
要先使用小動物用的刷子，去除沾附在被毛上的髒污。順著毛流，輕輕地梳毛。如果在附著髒污的情況下直接進行按摩，可能會傷到皮膚，請注意一定要先去除。

■ 按摩前的身體檢查
全身毫無遺漏地觸摸一遍，進行檢查。
・是否有受傷或發疹、形成腫瘤等？
・有沒有怕痛的地方？
・有沒有被東西刺傷？

■ 播放背景音樂
膽小的天竺鼠對微小的聲音也會敏感地反應。因此，為了讓天竺鼠可以放鬆，不妨以較小的音量播放背景音樂。將電視聲音轉到小聲也OK。

■ 放置有天竺鼠氣味的東西
將沾有天竺鼠氣味的布料等放在旁邊，可以讓牠的心情更放鬆。

■ 充分洗手後再開始
因為會觸摸全身，所以請養成按摩前先洗手的習慣。

來開始進行按摩吧！

① 不讓天竺鼠害怕地小聲對牠說話，用兩手包覆全身般輕輕地觸摸。

② 從頸後往臀部方向，用兩根手指輕輕地夾著脊骨，以壓滑般的感覺進行按摩。

③ 從頭頂部到臀部，順著毛流，慢慢、輕柔地往下撫摸。

④ 天竺鼠也會肩膀僵硬。在肩胛骨附近沿著骨骼仔細地按摩。

⑤ 下巴下方要由下往上（從頸部往下巴方向）輕輕地撫摸。頸部周邊遍佈負責啃咬的肌肉，是容易僵硬的地方。

⑥ 用指腹像要包住一般，從四肢根部按摩到趾尖。

⑦ 腹部方面，手從兩腋插入，利用拇指配合腸子的蠕動，以由下往上畫圈的感覺進行按摩。

斟酌力道，剛開始要輕一點

要避免淪為表面上的工夫，進行時應經常意識到肌肉的位置。一味地按摩容易進行的部位，也會成為發炎的原因。尤其是高齡的天竺鼠，血管本身就已經變得脆弱了，必須特別注意。

不喜歡時不可勉強

不可勉強按摩。因為最大目的還是在於肌膚接觸，以及天竺鼠的療癒。

最適合做為健康檢查

平日就撫摸天竺鼠的身體，可以更快察覺身體的異常變化。一邊按摩，一邊檢查是否有異於平常的部位，也有助於健康管理。

每日的健康管理

每天早上都要仔細檢查天竺鼠的樣子和排泄物的情況，有助於進行每日的健康管理。

每天的照顧

● ● ●

飲水、食餌的更換

顆粒飼料方面，早晚都要給予新鮮、能夠全部吃完不殘留的量。從衛生上來説，吃剩的顆粒飼料要丟掉。水若髒了，就要勤於更換。

● 準備2個餐碗

餐碗底部很容易堆積食餌殘屑或灰塵、糞便等。將前一天的吃剩的食餌丟掉，洗淨後再使用。準備2個餐碗，可以每天更換，比較方便。

● 飲水容器、飲水瓶要常保清潔

飲水容器很容易因為食餌殘屑或糞便掉落而變得不乾淨，飲水瓶也可能因為天竺鼠從飲口處吹氣或是塞入了食餌殘屑而意外地容易髒污。水一髒就要立刻更換。

● 可使用小蘇打粉來防止水垢或黏液

一旦長水垢，就容易發霉。因此建議使用小蘇打粉來清潔。小蘇打粉有溫和的制菌作用，能夠抑制細菌繁殖。撒上小蘇打粉後，用洗杯刷等將角落都刷洗乾淨。

蔬菜‧牧草的更換

蔬菜類也一樣，每次都要將前一天吃剩的丟掉。牧草則要充分備放，讓天竺鼠只要肚子餓了隨時都能吃到。使用牧草盒會比較方便。

利用日光浴提振心情

不可照射直射陽光，而是要讓天竺鼠沐浴在透過蕾絲窗簾或紗窗的柔和光線下，可以讓天竺鼠感到舒服。由於還是得擔心紫外線的不良影響，所以日光浴大約只要數十分鐘就足夠了。，此外，可能會有貓或烏鴉等意想不到的外敵前來攻擊，所以要注意不可將籠子拿出後就一直放在陽台或庭院等無法一眼看到的地方。

夜晚要弄暗

天竺鼠是半夜行性的動物，所以生活時段在某種程度上可以配合飼主的生活，不過不可到了半夜仍讓天竺鼠一直醒著。儘量以接近自然的型態來飼養是最好的。明亮的時間過長，對天竺鼠的健康可能會有危害。夜晚還是在籠子上蓋上罩布，讓牠好好休息吧！

注意溫度的冷暖差距

即使在同一個房間裡，早上和夜晚還是會有溫差。溫差以5度以內為理想，要避免急遽的溫度變化。

每週一次的照顧

● ● ●

┤ 每週進行一次大掃除 ├

在週末進行籠子的大掃除。將整個籠子水洗後用陽光曬乾。清掃籠子時,使用小掃帚畚箕組,或是有把手的洗鞋刷之類就很方便。

● 方便好用的醋

天竺鼠的脫落毛或排泄物等所含的「尿石」可能會在籠內形成白色的黏著物。

醋具有溶解鈣的作用和殺菌、防腐效果,可以輕易且安全地去除中性清潔劑無法洗掉的污垢。

● 準備2個餐碗

餐碗底部很容易堆積食餌殘屑或灰塵、糞便等。將前一天的吃剩的食餌丟掉,洗淨後再使用。準備2個餐碗,可以每天更換,比較方便。

測量體重

能夠每天測量天竺鼠的體重是最好的。如果這樣做有困難，最少也要一個禮拜量一次體重。

測量的記錄要寫在筆記本上，在進行健康管理時可以派上用場。到動物醫院接受診察時，應該也會成為非常有幫助的資料。

自在地享受膚觸的樂趣

就算每天都很忙碌，但至少也要在假日時自在地享受和可愛的天竺鼠共度的時光。只要看著牠溫和又可愛的動作，飼主也會忘記平日的疲勞，讓心情變得舒暢安詳的。

這不就是我們飼養天竺鼠的樂趣所在嗎？

麻了～

不同季節的飼養法

● ● ●

　　每天在房裡的小小籠中生活的天竺鼠們，雖然仍能感覺到季節的變化，卻是以各自的生活節奏來過日子的。來想想看對天竺鼠而言的四季以及舒適的飼養環境吧！

春季
Spring

〔3月～5月〕

最適合帶天竺鼠回家・繁殖

　　日本的春天對天竺鼠來說是最能夠舒適度過的季節。如果要迎進新的天竺鼠，氣溫逐漸上升的春天可以說是最好的季節。考慮繁殖時，可以預定在3月到5月間生產。

SPring

● 注意早晚的冷熱溫差

　　在天氣良好的日子裡，窗邊的日光浴是很舒服愉快的。雖說是日光浴，卻必須避免直射陽光，例如在窗邊加裝蕾絲窗簾等，想辦法讓陽光變得柔和。

　　在春天，就算白天溫暖，早晚還是有氣溫驟降的可能，所以需注意溫度調整，讓籠內不會突然出現溫差。尤其是幼齡、高齡、生病的天竺鼠，更必須注意溫度差異。

● 也可加入春天的美食

　　也可採摘蒲公英或車前草等新鮮的野草嫩芽，做為零食少量地給予。天竺鼠們一方面能夠感受到季節，一方面也會吃得很高興！請選擇未遭農藥、汽機車廢氣、貓狗糞便等污染的乾淨野草，並在給予前充分洗淨。

夏季
Summer

〔6月～8月〕

天竺鼠最難熬的季節

　　這是食餌和飲水都容易腐敗的時期。天竺鼠不喜歡高溫多濕的環境。由於排泄物多，特別是在是梅雨季節，籠子中很容易成為黴菌的溫床。高溫多濕又不衛生的環境，會成為感染黴菌和寄生蟲、皮膚病的重大原因。地板材和尿便墊、食餌、飲水等都要勤於更換，經常維持清潔的環境。

● 要小心出乎意料的溫度上升

　　陽光照射的場所、窗戶緊閉又沒有空調的房間、由空調的室外機所排出的熱風、柏油路面的反射等，這些情況都會造成籠內溫度急遽上升，要小心避免。

● 從天竺鼠的行為可看出的危險信號

　　天竺鼠一覺得熱，就會想從身體釋出熱能，可能會採取以下的行動。

· 離開巢箱的時間很長

· 伸展四肢躺臥

· 呼吸變得急促

　　這些行為在梅雨時期也常見到，因此也被視為是為了避免濕氣停滯在體內而採取的行為。如果看到這樣的情況，就可得知天竺鼠正覺得熱，或是正在為濕氣所苦，請立刻將籠子移到涼爽的場所，善加使用空調或涼墊、除濕劑或除濕機等，來改善高溫多濕的狀態。

Summer

呼～

● 空調的低溫也需注意

　　將籠子放置在空調出風口的下方，天竺鼠很快就會生病。也不可以直接吹到電風扇的風。由於溫度也不宜過低，所以請留意一天的溫差最好控制在不超過3℃的程度。

● 夏天不適合繁殖

　　夏天的繁殖會消耗天竺鼠媽媽的體力，巢箱中的溫度上升也會讓育兒變得更加辛苦。夏天期間不建議繁殖，還是等到秋天再說吧！

● 室溫以18～24℃為理想

在冷氣開放的房間裡飼養天竺鼠時，要使用塑膠布或毯子等避開空調的風，以避免籠內的溫度極端下降。還有，要使用溫濕度計來觀察，避免讓室溫急遽變熱或變冷。

● 蔬菜和水果

補充維生素和礦物質時不可欠缺的青菜水果，在夏天也很容腐敗。在早晚給予約1個小時可以吃完的量，時間一到就在腐敗前從籠子中取出。

● 飲水

早、晚最少更換2次。飲水容器中如果有青菜或糞便、顆粒飼料掉落，就要立刻更換。將附著在容器上的水垢充分清洗乾淨後再使用。

秋季
Autumn

〔9月～11月〕

〔 充分攝食以為冬天做準備 〕

秋天可以說是僅次於春天的天竺鼠容易度過的季節。不過和春天一樣，早晚會突然急遽降溫，所以要注意溫度變化。也可以繁殖，不過由於冬天期間氣溫驟降的情形會變得嚴重，所以天竺鼠寶寶和因繁殖而衰弱的天竺鼠媽媽都必須做好保溫的工作。

● 迎向冬天，用美味的食物補充營養

　　秋天是蔬菜水果都很美味的季節。也將當季的蔬菜水果少量分給天竺鼠們，一起享受當季限定的樂趣吧！這是紅蘿蔔和白蘿蔔葉、青花菜、蘋果等都很美味的季節。

● 秋天也要注意中暑

　　雖說是容易度過的秋天，還是需充分注意，不可將籠子一直放在屋外。近來，即使是在秋天，仍有不少日子的日照依然強烈，而這也會成為天竺鼠中暑的原因。

● 儘早做好禦寒對策

　　天竺鼠雖然是比較不怕冷的動物，不過幼齡、高齡的天竺鼠們還是不耐寒冷，有時甚至可能致命。儘早施行禦寒對策，例如增加地板材、放入寵物電熱器、用塑膠布覆蓋籠子等。

冬季
Winter

〔12月～2月〕

設法讓冬天也能溫暖地度過

日本的冬天寒冷，是人和天竺鼠都容易生病的季節之一。請確實做好室溫管理＆健康管理，不要讓可愛的天竺鼠們覺得寒冷。

Winter

● 推薦的禦寒用品

■ 寵物電熱器：有安裝在籠子外側的，也有安裝在內側的寵物專用電熱板或是保溫燈泡等。由於在機能上各有優缺點，最好併用控溫器來進行調整，以讓籠內可以保持一定的溫度。

■ 塑膠布：將居家購物中心等販賣的透明塑膠布覆蓋在籠子上，可以讓籠子形成簡易的溫室狀態。塑膠布上一定要先打好讓新鮮空氣可以流通的透氣孔後再使用。還有，需選擇有一定厚度的塑膠布，好讓天竺鼠無法啃咬。剛開始使用的一段期間裡，飼主必須要密切觀察天竺鼠是否有啃咬或吃掉塑膠布的情形。

● 適溫是18～24℃

天竺鼠的飼養籠內溫度，以18～24℃間為理想（無毛天竺鼠約20℃）。冬天期間也要管理，以免急遽的溫度變化。此外，由於冷空氣會往下降，熱空氣會往上升，所以為了保暖，比起直接將籠子置於地板上，不如將籠子放在具有某種程度高度的地方，儘量設法使其變得溫暖。不得不將籠子放置在地板上時，可以先鋪上地毯等，並將磚塊或書本等墊在下面，將籠子的位置提高，體感溫度就會上升。還有，想讓天竺鼠溫暖地度過，也可以比平常多放一些稻稈墊料等地板材，在保溫上也有效果。

你想知道的天竺鼠語etc.

天竺鼠們會藉由叫聲和同伴做複雜的溝通，也能藉由身體語言來表現各種感情。來研究你想知道的家中寶貝天竺鼠的叫聲和身體語言，從今天開始也成為「天竺鼠博士」吧！

從喉嚨深處低聲發出的「咕嚕咕嚕……」

「警戒」、「害怕」

有什麼看不慣的東西靠過來時、有對天竺鼠而言聽不慣的奇怪聲響時等等，可能就會警戒地從喉嚨發出「咕嚕嚕嚕嚕……」的聲音。

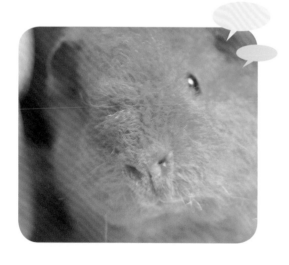

像貓一樣溫和的「嚕嚕嚕嚕嚕……」

「舒服」、「愉快」的信號

受到飼主舒服的撫摸時、得到好吃的東西心情愉快時等等，可能就會像貓一樣從喉嚨發出小小的叫聲。

充滿活力的「噗噗噗噗……」

「要求」、「訴求」

想吃食餌或零食的時候、想要出來外面的時候，或是想要飼主跟牠玩時，可能就會充滿活力地噗噗叫。其中也有會對牧草的香氣或開關冰箱門的聲音、超市塑膠袋的沙沙聲等敏感反應，會突然大叫表示「給我！」的天竺鼠。

激烈尖銳的「吱一吱一」聲

「興奮」、「威嚇」

受到驚嚇、有人對自己做了討厭的事，或是有非常高興的事等，當處在興奮狀態時，可能會發出像警笛般尖銳的叫聲。到底是因為喜怒哀樂中的哪一種感情而叫的，就要看當時的狀況了。

從身體語言看感情表現

用舌頭舔手

「喜悅」、「感謝」

當被人撫摸感而到高興時、覺得舒服時、心情愉快時，可能就會伸出可愛的舌頭，殷勤地來回舔人的手。

pero
pero

用頭使勁頂回去

「不開心」、「生氣」

心情不好的時候被人觸摸的話，可能會以讓人吃驚的力氣把手頂回去。這是很不高興時的表現，還是讓牠自己待著吧！

進行膚觸時歪著頭或伸長脖子

「再多摸一點」

受到飼主撫摸時，天竺鼠可能會伸長脖子，做出奇怪的姿勢。如果比平常稍微周到地撫摸該部位，牠就會很高興。

成為天竺鼠博士，和天竺鼠取得比現在還要親密的感情交流

平日總是溫和安詳的天竺鼠們，其實牠們也有很多想說的話，以及不希望你對牠們做的事。除了這裡介紹的部分例子之外，牠們還有許許多多的感情表現。請從天竺鼠的動作和叫聲，來了解牠現在的感覺，儘量尊重牠當時的心情吧！這麼一來，天竺鼠對飼主的信賴度和愛情，也一定會比以前更大幅提升的。如此一來，應該就能和天竺鼠變成更親近的朋友了。

CHAPTER 06

期待看到家中的天竺鼠寶寶！
向繁殖挑戰

疼愛的天竺鼠在家裡生育寶寶的模樣實在太美妙了，而身為飼主的我們也能從中學到許多事情。然而，實際上要進行繁殖，先做好覺悟和心理準備是非常重要的。

進行繁殖前先想想看

● ● ●

● 飼養空間周全嗎？

天竺鼠要幸福地生活，必須要有某種程度的空間。在小小的籠子中無法自由地到處活動，運動不足會導致肥胖或生病，演變成極大的壓力。此外，也為了避免胡亂繁殖，必須儘早將爸媽和小孩的籠子分開。

● 有多少天竺鼠就要花多少錢

顆粒飼料、蔬菜、副食、地板材等消耗品，還有醫療費，也都會隨著天竺鼠的數量來加倍計算。

● 照顧起來也很辛苦

飼養隻數如果增加,清潔起來也會更費工夫。而且複數飼養時,得到傳染病的風險也會增加,所以在衛生方面一定要比以前更仔細的照料才行。

● 親子未必就感情融洽

天竺鼠約2個月就會性成熟。就算是親子兄弟姊妹,有時也會為了地盤或食餌相爭,而且也會出現親子.兄妹配對等交配上的問題。

● 繁殖要有計畫性

天竺鼠一次生產約可生下2～4隻的寶寶。你是否能夠持續飼養直到所有的天竺鼠們都壽終正寢?或是能夠找到願意領養天竺鼠寶寶並且終生疼愛的人?天竺鼠的身體雖然小小的,但生命卻很寶貴。繁殖上請務必慎重。

繁殖的入門指導

● ● ●

● 設置巢箱

為了讓天竺鼠媽媽能夠安心地生產、努力地育兒,請放入尺寸夠大的巢箱吧!

● 繁殖適齡期是生後4個月～未滿8個月

產子、育兒這種重勞動對天竺鼠來說是非常大的負擔。雖然4、5歲前都能繁殖,不過到了7個月大以後就很容易難產,所以繁殖請在雌鼠處於健康狀態的滿4個月～未滿8個月的繁殖適齡期間進行。

■■ 必須避免繁殖的天竺鼠 ■■

· 近親交配生下的天竺鼠

· 有肥胖傾向

· 繁殖失敗

· 剛生完寶寶

· 有遺傳性疾病

· 已經過了繁殖適齡期（超過20個月大）

· 幼齡（未滿4個月大）

● 春天和秋天是最好的季節

　　天竺鼠會不分季節地一再發情，不過冬天過度寒冷，寶寶的保溫比較困難，而梅雨季節的濕度提升，容易繁殖細菌，所以都不適合育兒。還有，酷熱的夏天也會降低體力。繁殖計畫請在負擔較少的春天或早秋等容易度過的時期進行吧！

● 天竺鼠是整年繁殖的自然排卵

　　天竺鼠是無關季節，會一再發情的動物。分娩後半天就可能再懷孕，也可能導致妊娠中毒，所以生產時請將雌雄分開，讓母體好好休息。

● 雌鼠的發情信號

　　進入發情期的雌鼠，行動會變得活潑，喉嚨也會發出特有的聲音（發情周期間隔16～19天）。陰部會膨脹，做出允許雄鼠乘騎到背上的姿勢（人將手放在牠背上時，也可能會採取同樣的姿勢）。除此之外的時候是不會接受雄鼠的。

● 交尾的確認

　　要知道是否交尾完成，可以由雌鼠的陰道栓來進行確認。陰道栓在交尾的幾個小時後就會剝落。

● 懷孕期間

　　平均為68天（依品種和寶寶的數量而異，從59～80天不等）→懷孕後約一個月，可以藉由腹部的觸診來確認胎兒。

● 這種時候可能是異常懷孕

　　陰部出現了無色或是如血液般的陰道分泌液時。

天竺鼠寶寶的誕生

● ● ●

● 一次通常會產下2～4隻

天竺鼠寶寶生下時已經是長齊被毛和牙齒，眼睛也已打開的完全成熟體。新生兒的體重約45～115g。

● 授乳期間是3個禮拜

雖然生下後立刻就能吃顆粒飼料和蔬菜，但還是需要至少1個禮拜左右的哺乳。在約2週大之前，排泄也需要媽媽的幫助，所以要讓寶寶離開媽媽身邊，最好要在第2個禮拜以後。

必須做人工飼育的情況

因為某種情況造成未滿1週大的寶寶無法接受天竺鼠媽媽的照顧時，其他授乳中的雌鼠可以做為奶媽。萬一不行時，就要進行人工哺乳。利用玻璃滴管或注射器，生後未滿5天時，需每隔2個鐘頭餵一次；之後則是每隔4個鐘頭餵一次，進行人工哺乳。人工乳請給予合乎天竺鼠乳成分的（蛋白質8％、脂肪4％、乳糖3％）。市面上如果買不到時，可到動物醫院詢問。

● 併用顆粒飼料

出生第2天後，給予以人工乳泡脹的顆粒飼料，幼鼠就會開始吃。

● 離乳的時機

出生第3個禮拜，或是體重達到180g時。

天竺鼠寫真館 Vol.1

我家寶貝 最佳鏡頭

在庭院欣賞日落黃昏。

嗯？叫我嗎？

吃東西的時候最幸福！

相親相愛的吃飯時間☆

和媽媽一起玩扮家家酒。

我可不是拖把喲！

稍微打扮一下吧！

來輕鬆地閒話家常吧！

Don't Disturb!

這變裝布偶借我一下喲！

趴下！

正宗！黃花閨女們。

一喝水不自覺就翻白眼了呢！

把頭藏起來⋯⋯

被食餌引誘看著鏡頭♪

一路走來的天竺鼠

做為家畜、做為實驗動物、做為飼養動物、做為伴侶動物……
接下來要介紹在與人類的長久生活中,
天竺鼠至今一路走來的歷程。

History 01

● 天竺鼠的祖先

天竺鼠是原產於南美的豚鼠同類,不過原種至今不詳,包覆著謎樣的面紗。

History 02

● 從遙遠的印加帝國時代開始家畜化

約在800年前,印加帝國就有為了宗教儀式上的食用而將天竺鼠家畜化的記錄。可能是因為其叫聲吧,曾經被稱為「cuy」。

History 03

● 17世紀時,在歐洲成為受人喜愛的寵物

到了17世紀,歐洲各地開始流行將天竺鼠當成寵物。不過,也可能是牠優異的繁殖能力和溫和的性格害了自己,也漸漸被廣泛利用來做為實驗動物。

History 04

● 在江戶時代時來到了日本

天竺鼠來到日本是在江戶時代。經由荷蘭商人的介紹,用來做為伴侶動物。

天竺鼠的現況

History 05
● 做為學校飼養動物的天竺鼠

最近的小學，在各教室內飼養天竺鼠的情形越來越多了。這是因為天竺鼠性格溫和且少有咬人的情形，而且遇到週末或長假時，可以用值班制的方式連同飼養籠一起帶回各家庭飼養的關係。等到曾在小學時飼養天竺鼠的孩子們長大成人後，或許天竺鼠做為伴侶動物的數量將會更加龐大。

History 06
● 做為實驗動物的天竺鼠

「我要把你拿來當做天竺鼠！」——就連漫畫或卡通裡壞人的招牌台詞也會出現天竺鼠，可見天竺鼠已經被當做是實驗動物的代名詞了。

天竺鼠之所以會被用於動物實驗，是因為牠們出生2個月就能長到成體，而且體內無法生成維生素C、被毛粗度和人類的毛髮幾乎相同、皮膚也近似人類等，擁有許多和人類的共同點的關係。以往在結核病的實驗就曾經大量使用天竺鼠。還有，溫和又容易飼養，且可做複數飼養等，可能也是牠走向實驗動物這個悲劇命運的重大原因之一吧！

History 07
● 做為心靈療癒家的天竺鼠

和人類非常馴熟、細心梳整過的天竺鼠們，也是很受歡迎的動物療法的成員之一。牠們會隨著飼主與專家們一起到老人看護設施或兒童病房、福祉設施等進行慰問。牠們不怕生的親切性格，可以讓老年人或身體不方便的人感到親近，心情愉快。

人類和天竺鼠的未來

在與人類共度的漫長歷史中，天竺鼠就像這樣以各種不同的形式為人類帶來恩惠。家裡的天竺鼠也是因為有緣而來到飼主身邊的幸福小使者。希望大家都能愛惜地好好飼養牠。

CHAPTER 07

竟然有這麼多！
世界的天竺鼠商品
商品＆書籍介紹

以倉鼠和兔子為主題的商品多如繁星，但在日本卻很少看到以天竺鼠為主題的商品。在此要介紹的是插畫家同時也是天竺鼠商品收集者的大平いづみ老師走遍全世界收集而來的、令天竺鼠迷垂涎不已的天竺鼠商品。

POST CARD

a～h「明信片」。
英國The Winking Cavy Store的商品，
購於網路。
i 購於挪威的寵物店。

j 荷蘭友人寄來
的卡片。

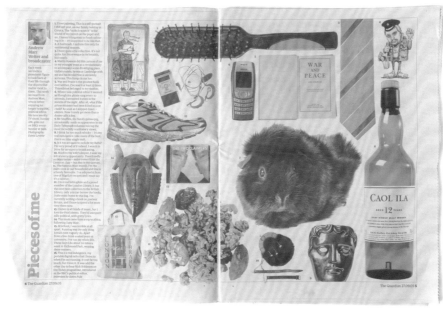

k 在英國國鐵偶然
發現的刊登有天竺
鼠廣告的舊報紙。

l 《再見了，麥芬先生》
Ulf Nilsson
（日本）
購於網路。

m 《Adjo, herr Muffin》
Ulf Nilsson
（瑞典）
購於瑞典書店。

BOOK

n 《Bed time》Kate Duke（丹麥）
購於丹麥的天竺鼠秀場。

o 《I LOVE GUINEA PIGS》
Dick King-Smith
（丹麥）
購於丹麥秀場。

p 《The Three Little Guinea Pigs》
Peter Kavanagh（丹麥）
購於丹麥的天竺鼠秀場。

r 《LEVEN MET
HUISDIEREN CAVIA'S》
（荷蘭）
購於書店。

s
《Morce》
（捷克）
購於寵物店。

q 《SKAFFA MARSVIN》
（芬蘭）
購於書店。

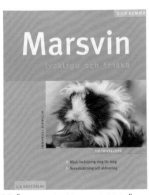

t 《How to Care for
your Guinea Pig》
Marianne Mays
（英國）購於書店。

u 《Guinea Pig Care
Quick＆easy》
（荷蘭）購於書店。

v 《Marsvin Lyckloga och frieka》
（瑞典）購於書店。

POSTER
W Southern Cavy Club Members 海報
（英國）購於秀場。

DRAWING FOR COLORING

X 《天竺鼠著色畫》
大平いづみ
原創著色畫。

FEEDER

y 天竺鼠的食物容器
（芬蘭）
購於寵物店。

z 購於紐約的玩具店
FAO Shwartz。

STUFFED TOY

A 購於德國的玩具店。

B 購於英國的玩具店。

C 「徽章」
紅、黃：（丹麥）購於秀場會場。
白：（英國）購於倫敦的市場。

CAN BADGE

KEY RING

D 「天竺鼠的鑰匙圈」
購於KENT CAVY CLUB（英國）
的秀場會場。

BAG

E 「磁鐵」
褐色、黑色
（英國）
購於秀場會場。

MAGNET

F 「天竺鼠的托特包」
（荷蘭）購於天竺鼠村。

G 「背包」
（英國）購於倫敦的市場。

FIGURE

H 「模型」
褐色：購於瑞典的玩具店。
淡褐色：天竺鼠同好的手工作品。

THE Guinea pig

CHAPTER 08

當你懷疑
「生病了嗎？」的時候

和我們人類不同，動物們為了守護自己遠離天敵，具有儘量隱藏疾病或受傷的本能。等飼主發現異常時，很可能為時已晚。仔細觀察平常健康的樣子，有助於疾病的預防和早期發現。

疾病是從何而來的？

● ● ●

● 從可以信賴的店家中挑選

乍看之下顯得非常健康的天竺鼠，事實上卻可能潛伏著寄生蟲，或是患有病毒性疾病。遺憾的是，這樣的案例並不少見。

請親自前往寵物店，從店內清潔、有可以信賴的人員的店家購買吧！

● 籠子要保持清潔

就算是健康的天竺鼠，如果飼養在不衛生的環境中，籠子裡也會很快就滋生黴菌和細菌。

為了預防人和動物的人畜共通傳染病，一週請做一次籠內大掃除，並且注意清潔。

● 不要用摸過其他鳥類或動物的手來摸天竺鼠

　　請不要亂摸老鼠或黃鼠狼、野鳥等野生動物。屍體和糞便也一樣。另外，絕對不可以用在動物園或寵物店摸過動物的手，直接碰觸家裡的天竺鼠。

　　請將手洗乾淨後再做照顧，以免傳染疾病。

―● 了解後更安心！人和動物的共通傳染病 ●―

　　會由動物傳染給人類的疾病，以及會由人類傳染給動物的疾病，總稱為人畜共通傳染病（zoonosis）。

　　在接觸天竺鼠之前以及觸摸後，一定要洗手漱口。這不只是為了飼主，也是為了天竺鼠著想。絕對不可以口對口地進行餵食。還有，平常就要注意籠子的衛生環境。只要能做到這些，就可以預防大部分的傳染病。有不放心的狀況時，請詢問家庭獸醫師。

天竺鼠
容易罹患的疾病

● ● ●

毛球症

原因是吃下自己和同伴的被毛。
請給予纖維質多的食餌並檢視生活環境。

● 原因和症狀

　　罹患毛球症，會在胃和腸等消化器官內形成毛球；如果放著不管，毛團塊就會變大，使得胃腸機能變差。已經變大的毛球，只能藉由外科開腹手術取出。一旦症狀加重，就會造成食慾衰退和體重減輕，甚至會導致衰弱而死。

● 預防和對策

　　懷疑是毛球症時，請立刻到動物醫院就診。食毛和健康及壓力有密切的關係，所以必須找出原因，讓天竺鼠不再食毛。

咬合不正

原因是牙齒過長。

● 原因和症狀

　　天竺鼠常見臼齒的咬合不正。到了門齒過長、嘴巴無法閉起來的階段，臼齒大多已經問題嚴重，必須注意。也有人認為遺傳性因素佔了較大比例，不過食餌的內容和維生素不足也會成為引發的契機。

● 預防和對策

　　平常就要預防維生素C的缺乏，不只給予顆粒飼料，也要大量給予能夠充分使用牙齒咀嚼的牧草。除了外觀，口中的狀態也需經常檢查。

維生素C缺乏症

缺乏維生素C是天竺鼠的萬病之源。

● 原因

原因是食餌中的維生素C不足,因而引起各種症狀。

● 症狀

食慾不振、被毛粗糙、脫毛、體重減輕、流鼻水、四肢拖行、身體一被碰觸就顯得疼痛等。

● 預防和對策

只吃市售的顆粒飼料會造成維生素C不足,所以飼養天竺鼠時,一定要每天給予維生素豐富的蔬菜和水果,也必須視需要投與維生素劑。

足部皮膚炎

仔細檢查腳底,也要注意地板材。

● 原因和症狀

腳底形成的角質潰瘍化後引起發炎,天竺鼠會變得不太活動。

● 預防和對策

天竺鼠的腳底沒有被毛,非常纖細。籠內應保持在清潔狀態,地板材則要使用不會傷到腳底的東西。利用鐵絲網或踏墊時,要先確認不會鉤到腳,並且併用填補踏墊和鐵絲網縫隙的稻稈墊料。另外,也可以用木板等製作讓天竺鼠的腳能夠休息的場所。

尿石症

注意鈣質過剩的食餌。

● 原因和症狀

這是超過3歲的雌鼠常見的疾病之一，會出現血尿、排尿困難等症狀。結石變大時，就必須進行外科手術。

● 預防和對策

注意鈣質的過度攝取，重新評估食餌內容是否均衡。隨時可以充分喝到新鮮飲水的環境也是預防上不可欠缺的。如果顯出疼痛的樣子，就要立刻前往動物醫院。

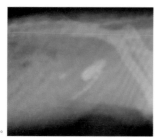

結石的X光照片。

外部寄生蟲

・天竺鼠疥蟎

軀幹腹側縱向中央和四肢部會出現皮疹、脫毛、搔擦傷等。可能會引起二次性感染。

・天竺鼠毛皮蟎

症狀比較輕微，甚至大多沒有症狀。全身都會寄生，尤其常見於陰部和臀部。

・天竺鼠羽蝨

寄生於毛根部的蝨子，尤其多寄生在耳朵周邊。蟲體可用肉眼確認。嚴重時會出現脫毛、脂漏、搔癢等症狀。

● 預防和對策

籠內必須經常清潔，避免隨便和其他動物接觸，可以做為預防。在天竺鼠的體表發現寄生蟲時，或是發現搔癢或發疹等皮膚病變時，就要儘快到動物醫院接受診察。

結膜炎・角膜炎

外傷、細菌或衣原體感染會造成結膜炎或角膜炎。此外，維生素C缺乏時，在初期階段也可能會出現白色的眼屎。

● 預防和對策

過敏、營養偏頗、體力低下等都可能引發。請清潔飼養環境，注意營養均衡的食餌。

平日的飼養管理可預防疾病

從可以信賴、會仔細照顧天竺鼠的店家帶回健康的天竺鼠，然後給與營養均衡的正確食餌，保持籠內清潔。只要有無壓力的飼養環境，幾乎所有的疾病都能預防。每天仔細觀察，掌握家中天竺鼠的正常狀態，一旦覺得怪異，儘快詢問獸醫師，隨時留意早期發現、早期治療吧！

小心！天竺鼠的鼓脹症

鼓脹症是天竺鼠和兔子容易罹患的疾病之一，
氣體滯留在消化管內，
有時還會危及生命，是很可怕的疾病。

鼓脹症的原因

由於腸道機能低下引起盲腸便秘，或是盲腸異常發酵造成消化器官內氣體堆積，就會引發鼓脹症。其原因如下。

・突然的食餌變化
・不適當的食餌（老舊的食餌、保存狀態不佳導致發霉的食餌、不適合天竺鼠的食餌等）
・食物纖維（牧草或蔬菜等）不足
・過度給予零食等高熱量的食物
・壓力
・脫水
・消化道阻塞
・投與不適當的抗生素等

鼓脹症的症狀

・腹部變硬、腫脹
・失去活力
・呼吸急促
・食慾不振
・糞便減少
・便秘等

有時按摩也有效

為了促進腸道蠕動，用手按摩天竺鼠的腹部，具有促進腸道作用的功能。

使用食指、中指、無名指這3根手指的指腹，畫圓般地以順時針方向輕輕地按摩已經變硬的腹部。天竺鼠的腹部很脆弱，所以這個時候需特別注意力道不可過大。

鼓脹症是可以預防的疾病

不適當的食餌內容導致消化道的蠕動運動低下，是引發鼓脹症的重大原因之一。在預防上，重要的是要將牙齒和胃部狀態維持正常。另外，天竺鼠是完全的草食動物，所以必須給予大量的食物纖維。基本的食餌是顆粒飼料、蔬菜和牧草類。為了避免食物纖維不足，請減少零食類，平常就充分給予柔軟的牧草。還有，天竺鼠是不耐環境變化的動物，所以壓力方面也要特別注意。

早期發現、早期治療

鼓脹症是會讓天竺鼠痛苦、短時間內致死的疾病。預防是最重要的，而早期發現、早期治療也很重要。只要稍微發現糞便比平常小、數量少、腹部有發硬、膨脹等症狀，就有可能是鼓脹症，請到動物醫院接受診察吧！

和天竺鼠的告別

● ● ●

不管飼主多麼全心全意、愛惜地照顧，和可愛的天竺鼠告別的日子還是會來到。

和天竺鼠的離別是非常痛苦、悲傷的事，然而牠們畢竟是有壽命的。請衷心感謝至今為止為自己帶來許多療癒和喜悅的天竺鼠，用自己能夠接受的形式，來做最後的送別吧！

> 埋葬在家中庭院

● 洞要挖深一點

在人不會進入的庭院角落，挖出一個深約1m的洞掩埋。洞太淺的話，可能會因為長期下雨或颱風造成遺體外露，所以要挖深一點。

● 屍骸要用可回歸土壤的材質包裹

屍骸要用容易回歸土壤的薄棉紗布等包裹，或是裝入小紙箱等。塑膠容器或塑膠袋等很難回歸土壤，並不適合使用。

● 放置記號

埋葬後多覆蓋一些土壤，在該處放置較大的石頭或石膏像等做為墓碑。先在周邊撒上石灰，有助於防止細菌傳染。如果天竺鼠是因為傳染病等疾病而死的，最好採用火葬。

利用地方自治團體火葬

有些地方自治團體設有寵物專用的火葬爐。請向住家的自治團體窗口詢問看看。費用：約2000～3500日圓（依各團體而異）。

利用寵物墓園

家中沒有庭院時，或是地方自治團體沒有火葬設備時，可以利用寵物墓園。費用依場所和弔唁方法而有差異，最好先用電話詢問相關費用和內容。費用：約1萬～4萬日圓。

重要的是感謝的心情

不需要拘泥於形式。那是曾經有緣共度人生片段時光，心靈溫暖相通的可愛天竺鼠。重要的不是形式，而是發自內心的感謝心情不是嗎？曾經一起生活的美好記憶，永遠不會褪色，而會成為內心深處的回憶，一直留在心中。不需拘泥於金額和體面形式，以自己的方法來弔唁牠吧！

天竺鼠寫真館 Vol.2

我家寶貝 最佳鏡頭

接著要向兩腳走路挑戰。

用零食引誘，成功接觸了♪

要給我什麼呢？

目標是成為視覺系天竺鼠。

現在正在補妝中♪

相親相愛睡午覺。

發現野生天竺鼠！？

蘋果整顆咬！喀滋！

一起組成大鼻子隊♪

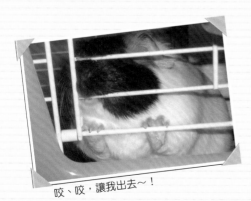

咬、咬，讓我出去～！

禁斷的愛情……
（※除非感情特別好，否則不能讓牠們在一起。）

天竺鼠秀

在國外，天竺鼠秀是非常盛行的。
讓我們到英國探查一下天竺鼠
迷倒眾生的的秘密吧！

文·插畫／大平いづみ

◀珍貴品種Magpie。

◀囊括各個獎項！

正在評審中！

在 國外，每週都會在某個國家或是某個地區
舉辦天竺鼠的品評會。由於天竺鼠的品種
和毛色的變化很多，所以各地都有許多的粉絲
俱樂部。愛好家對來訪者都非常友善，評審人
員也會非常詳細地回答問題。就連繁殖者家中
的小孩也是極為出色的專家，他們比大人更加
簡潔明快的回答，可能會讓你瞠目結舌喔……

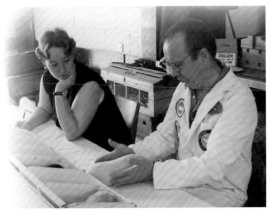

【歷訪地】2002.9 : Denmark / Dansk Marsvine Klub
2003.9 : England / Northern Cavy Fanciers
2005.9 : England / Kent Cavy Club

評審員
卡羅小姐

參賽前預備中
的天竺鼠

參賽號碼

撒嬌的泰迪
天竺鼠

喜馬拉雅
天竺鼠的
評審員

日本很少見到的喜馬拉雅天竺鼠！

天竺鼠秀是很常見的

天竺鼠秀會在一般客人也能信步走到的體育館等舉行，從外面就能聽到天竺鼠的叫聲。除了會員之外，普通買來的寵物也能以約50日圓的費用參加，非常有趣。因為是在英國舉辦的，所以少不了下午茶。大廳到處都是人手一杯紅茶愉快地交換情報，而且一角還有便宜的純種小天竺鼠……對於喜愛天竺鼠的人來說，是讓人禁不住誘惑的熱鬧活動的開始。

是純種
的比賽哦！

我家的天竺鼠
也有參賽呢♪

也有擁有
血統書的
天竺鼠

繁殖者的目的

擁有天竺鼠舍，平均飼養3、40隻的繁殖者，主要工作是品種的推出和固定，並且各有專門的擅長品種。也有很多天竺鼠都是由繁殖者嚴加管理血統的，擁有家系圖和血統書。為了避免遺傳疾病和近親交配，可能會從其他國家尋找天竺鼠，在查看身體和血統後購入女婿。

美國冠毛天竺鼠的繁殖者。
飼養資歷16年。

黑色英國短毛天竺鼠的繁殖者。
飼養資歷20年。

＊登錄參賽的品種主要有10種＊

短毛

【英國短毛天竺鼠】
被毛短而直。

【阿比西尼亞天竺鼠】
全身都有毛漩。

【冠毛天竺鼠】
額頭有1個毛漩。

【雷克斯天竺鼠】
不同於泰迪天竺鼠的品種。基因不同。

比賽天竺鼠和寵物天竺鼠

參賽的天竺鼠和一般的天竺鼠完全不同。在梳毛時彷彿像擺設品一般，也不會隨地大小便。

被毛光澤、品格、教養、性格等都和我家的……天竺鼠

完全不一樣！

長毛

【秘魯天竺鼠】
阿比西尼亞天竺鼠的長毛型。

【謝特蘭天竺鼠】
臉部的被毛短，其他則為長被毛。

【德克賽爾天竺鼠】
由雷克斯天竺鼠和謝特蘭天竺鼠交配而成。

【冠毛謝特蘭天竺鼠】
額頭有毛漩的謝特蘭天竺鼠。

長毛的珍貴品種

【美麗諾天竺鼠】
德克賽爾天竺鼠×冠毛天竺鼠。

又捲又捲

【羊駝天竺鼠】
德克賽爾天竺鼠×秘魯天竺鼠。

※更進一步會以毛色做區分。

看懂行程表

不管是參賽還是純粹見習都非常有趣的天竺鼠秀。雖然規則複雜而難懂，不過可以從行程表來解讀秀的流程，也可知道天竺鼠的品種和評審的順序哦！

參賽費用一隻20便士（約50日圓）。獎杯組、寵物部門的組別獎金為75%

Ad：5個月以上　　5/8：5～8個月大的天竺鼠
U5：5個月以內　　AA：任何顏色都OK

全部單一色

參賽號碼

毛色變化

混雜多色

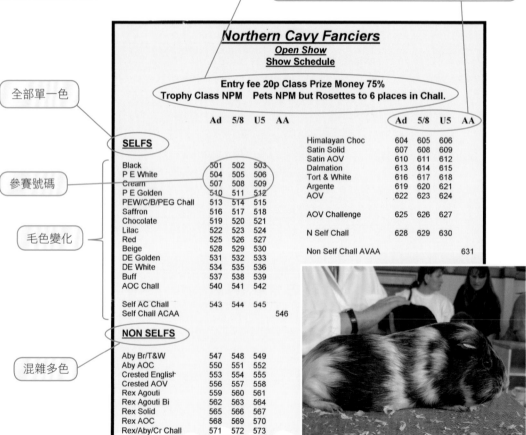

Northern Cavy Fanciers
Open Show
Show Schedule

Entry fee 20p Class Prize Money 75%
Trophy Class NPM　Pets NPM but Rosettes to 6 places in Chall.

	Ad	5/8	U5	AA		Ad	5/8	U5	AA
SELFS					Himalayan Choc	604	605	606	
					Satin Solid	607	608	609	
					Satin AOV	610	611	612	
Black	501	502	503		Dalmation	613	614	615	
P E White	504	505	506		Tort & White	616	617	618	
Cream	507	508	509		Argente	619	620	621	
P E Golden	510	511	512		AOV	622	623	624	
PEW/C/B/PEG Chall	513	514	515						
Saffron	516	517	518		AOV Challenge	625	626	627	
Chocolate	519	520	521						
Lilac	522	523	524		N Self Chall	628	629	630	
Red	525	526	527						
Beige	528	529	530		Non Self Chall AVAA				631
DE Golden	531	532	533						
DE White	534	535	536						
Buff	537	538	539						
AOC Chall	540	541	542						
Self AC Chall	543	544	545						
Self Chall ACAA				546					
NON SELFS									
Aby Br/T&W	547	548	549						
Aby AOC	550	551	552						
Crested English	553	554	555						
Crested AOV	556	557	558						
Rex Agouti	559	560	561						
Rex Agouti Bi	562	563	564						
Rex Solid	565	566	567						
Rex AOC	568	569	570						
Rex/Aby/Cr Chall	571	572	573						

用語的關鍵字

天竺鼠的魅力之一就在於毛色變化的多樣性。看懂品種和被毛顏色的用語，品味一下秀場的感覺吧！

A.C	Any Colour　任何顏色	**D.E.W**	Dark Eyed White　深色眼白毛
A.V	Any Variety　任何種類	**T/W**	Tortoise & White　雜色＆白色
A.O.V	Any Other Variety　其他種類	**B.I.S**	Best in Show　最優秀獎
P.E.G	Pink Eyed Golden　紅眼金毛		
P.E.W	Pink Eyed White　紅眼白毛		
D.E	Dark Eyed　深色眼		
B/S	Boar & Saw　雄性和雌性		

我是 D.E.W喔！

天竺鼠的審查

依照品種、年齡、性格等，將參賽者細分。

← 木箱

除了天竺鼠的被毛和體格之外，眼睛、與人親近的方式也會列入審查。

記下細微的評分，這張卡片就是得獎的決定依據。

審查順序—英國短毛天竺鼠篇

撫摸背部　→　逆向撫摸　→　審視臀部·腹部　→　審視下巴　→　放在手上審視正面

　　審查花不到1分鐘。逆向撫摸是為了審視毛的密度以及是否混雜了其他顏色的毛。此外，德克賽爾天竺鼠要用手指測試毛的深度，阿比西尼亞天竺鼠則要將毛漩立起進行審查。

審查會從100分開始扣分

　　依照「繁殖標準」的基準，綜合頭部和身體、被毛，以及臨場表現來評分。被毛方面分得很細，從毛質和密度、下顎和肩部的毛，長毛種連擴散形狀都是審查的對象。鼻子受傷、耳朵缺損都會扣分。

重點	謝特蘭	冠毛謝特蘭	秘魯
頭·眼·耳	20	15	5
身體	10	10	10
被毛-毛質和密度	25	25	毛質20 密度15
被毛-下顎·肩·側面·擴散形狀	25	25	擴散形狀15 扇·側面5
鬆毛	10	15	正面15
臨場表現	10	10	5
總分	100	100	100

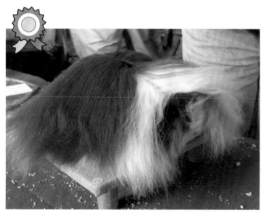

組別第一名的羊駝天竺鼠。

獲得Best in Show的冠毛天竺鼠。

在秀場學習被毛的護理

在比賽中佔了5成分數的重點，說是美麗的被毛也不為過。聽說參賽的天竺鼠通常在幾天前就會沐浴淨身，到了比賽當天，出場前也會在專用的美容桌上進行梳理。長毛種的繁殖者，甚至在審查的2個鐘頭前就入場了，全心埋頭在梳毛作業上。不管是短毛種還是長毛種，基本都是相同的。用梳毛來提升被毛的等級吧。

短毛種

英國短毛天竺鼠……順著毛流，用手指撫平。用套上短襪的手來撫平也有效果。

阿比西尼亞天竺鼠………揉入天然油等，可以讓毛漩或捲曲度顯得更加美麗。

長毛種

用軟刷輕輕梳開，再用排梳完成造型。糾結毛要儘快剪掉。由於被毛會不斷生長，可以進行修剪或是用紙包起來後再以橡皮筋固定。

本書登場的 天竺鼠們	きなこ、もずく、くり、モルダー、メルロン、モカ姫、コロン姫、おや じさん、ウシパン、ユキノ、チロ、みるく、チョコ、杏、クリ、ムク、 ハチ、モーちゃん、アモーレ、モルたん、キョロたん、もんじろう、か りん、キリン太、しし丸、タワシ、こはる、テシィ、スノーベル、蜜 柑、酢橘、かぼす、ポンポン、もじゃ

協力 （ 順序不同 敬稱省略 ）	宇野明子、吉田ちかこ、鬼女羅、みき坊、エミコ、モカ彦、町田麻衣 子、石川志麻、大山恵子、山口ゆきえ、鳥居涼子、谷岡愛、岡崎みど り、鈴木汐理

設計	平田美咲

攝影協助	■ **gurana（ グラナ ）** http://gurana.boo.jp/ 神奈川県横浜市中区石川町2-67 TEL：045-681-5076 ■ **DK2P（ ドキドキペットくん ）** http://www.doki2petkun.co.jp/ 東京都北区堀船2-19-14-3F TEL：03-3914-3900

參考文獻	■ 愛玩動物（ 社團法人日本愛玩動物協會 ） ■ Official Guidebook To Raising Better Rabbits and Cavies 　（ American Rabbit Breeders Association, Inc. ）

作者

鈴木 莉萌

（社）日本愛玩動物協會評審、山崎學園動物專門學校臨時講師。著書有：《小動物ビギナーズガイド　インコ》、《セキセイインコともっと楽らす本》、《カエルグッズコレクション1000》（以上皆為誠文堂新光社出版）、合著有：《図解地球の真実》（宝島社）等。

插畫
&
部分執筆

大平いづみ （插畫家・紡織品設計師）

生於東京淺草。往返英國經歷28年，天竺鼠的飼養經歷15年。從小時候開始，就過著身邊圍繞多種動物的生活。自從93年遇見荒川遊園地的天竺鼠後，生活為之一變。因為太過喜愛天竺鼠，自2002年開始走出日本，於各種天竺鼠地點出沒，訪問國外的天竺鼠秀或繁殖家等。目前在我家動物雜誌《Anifa》上，有連載心愛的天竺鼠キリン太的4格漫畫。興趣是收集海外的天竺鼠飼養書籍和商品。合著有：《イギリスの正しい歩き方ガイド》文庫本、《ロンドンちょっとよくばり滞在術》成美堂出版等。

http://www.record-eurasia.com/london/

攝影

井川 俊彦 いがわ としひこ

1963年生於東京，東京攝影專門學校（報導攝影科）畢業。主要拍攝貓狗、兔子、倉鼠等小動物的自由攝影師。一級愛玩動物飼養管理師。活躍於月刊雜誌《愛犬の友》等。已出版書籍有：《うさぎクラブ》、《うさぎのひとりごと》、《写真集となりのハムスター》、《ザ・ウサギ》、《ザ・リス》（誠文堂新光社）、攝影繪本《うさぎ》、《ハムスターシール》（POPLAR社）等多數。

國家圖書館出版品預行編目資料

新手高明飼養法：天竺鼠 / 鈴木莉萌著；彭春美譯.
-- 二版. -- 新北市：漢欣文化, 2020.11
112 面；21X17 公分. -- (動物星球；19)
ISBN 978-957-686-800-9(平裝)
1.天竺鼠　2.寵物飼養

437.39　　　　　　　　　　　　　109016438

動物星球19

新手高明飼養法天竺鼠(暢銷版)

作　　者 / 鈴木莉萌
攝　　影 / 井川俊彥
譯　　者 / 彭春美
出　版　者 / 漢欣文化事業有限公司
地　　址 / 新北市板橋區板新路206號3樓
電　　話 / 02-8953-9611
傳　　真 / 02-8952-4084
郵 撥 帳 號 / 05837599 漢欣文化事業有限公司
電 子 郵 件 / hsbookse@gmail.com
二 版 一 刷 / 2020年11月

THE Guianea pig

"MORUMOTTO" SHOUDOUBUTSU BEGINNERS GUIDE
©MARIMO SUZUKI 2007
Originally published in Japan in 2007 by SEIBUNDO SHINKOSHA PUBLISHING CO.,LTD.
Chinese translation rights arranged through TOHAN CORPORATION, TOKYO.,
and Keio Cultural Enterprise Co., Ltd.